精准记忆

在学习、生活、工作中
高效记忆的 75 个技巧

[美]布拉德·楚普 / 著　　李天蛟 / 译

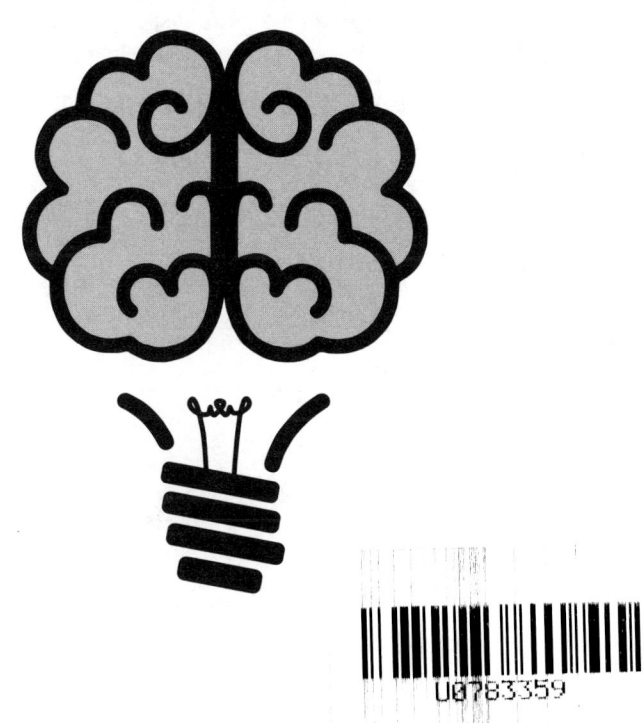

世界图书出版公司

北京·广州·上海·西安

图书在版编目（CIP）数据

精准记忆：在学习、生活、工作中高效记忆的75个技巧 /（美）布拉德·楚普著；李天蛟译. —北京：世界图书出版有限公司北京分公司，2022.7（2023.4重印）
ISBN 978-7-5192-9520-2

Ⅰ.①精… Ⅱ.①布… ②李… Ⅲ.①记忆术—通俗读物 Ⅳ.①B842.3-49

中国版本图书馆CIP数据核字（2022）第070886号

Mastering Memory: 75 Memory Hacks for Success in School,Work,and Life
© 2019 by Brad Zupp (the "Authors").
All rights reserved.
First published in English by Althea Press, a Callisto Media Inc imprint

书　　名	精准记忆：在学习、生活、工作中高效记忆的75个技巧 JINGZHUN JIYI：ZAI XUEXI, SHENGHUO, GONGZUO ZHONG GAOXIAO JIYI DE 75 GE JIQIAO
著　　者	[美]布拉德·楚普
译　　者	李天蛟
责任编辑	尹天怡　董亚
特约编辑	王玉春
封面设计	林阿龙
出版发行	世界图书出版有限公司北京分公司
地　　址	北京市东城区朝内大街137号
邮　　编	100010
电　　话	010-64038355（发行）64037380（客服）64033507（总编室）
网　　址	http://www.wpcbj.com.cn
邮　　箱	wpcbjst@vip.163.com
销　　售	各地新华书店
印　　刷	唐山富达印务有限公司
开　　本	880 mm×1230 mm　1/32
印　　张	8.75
字　　数	170千字
版　　次	2022年7月第1版
印　　次	2023年4月第2次印刷
版权登记	01-2022-2690
国际书号	ISBN 978-7-5192-9520-2
定　　价	49.00元

如有质量或印装问题，请拨打售后服务电话010-82838515

目录

第一部分 　　　　　　　生　活

第二部分　　　学习与个人成长

第三部分　　　　　工　作

引言

"我记性太差了"

你是否经常在走进房间后忽然忘记自己进来做什么？你是否经常找不到自己的手机、眼镜或者其他重要物品？你是否经常忘记朋友及家人对自己说过的话？你是否在记忆事情与数字方面存在障碍？如果答案是肯定的，那么你并不是唯一一个具有上述问题的人。我也有过类似的经历，如经常记不住姓名和数字。我以前的记忆力一直都不是很好，并且随着年龄的增长越来越差。终于有一天我实在受不了了，决心做出改变。"普通人可以改善自己的记忆力吗？"我的头脑中出现了这样一个疑问，于是，我决定找出问题的答案。

我阅读了大量资料，进行了很多研究，还做了很多实验，包括冥想、锻炼身体、服用维生素，以及补充睡眠等。有一些方法确实有效，而余下的那些方法则完全没有效果。但整体来说，我最终成功地改善了自己的记忆力。在此过程中，我意外地发现学习记忆方法特别有趣，完全不像完成课业或者死记硬背知识点那样无聊。于是，我找出了一些既简单又有趣的工具和记忆技巧。

能够记住很多信息，实在令人心情舒畅，于是我开始参加记忆竞赛。是的，世界上有一些人把记忆变成了一项竞技项目，而我也成了参与者之一！记忆与其他竞技项目类似，练习越多，效果越好。后来，我参加了世界记忆锦标赛。

在一次比赛中，我打破了美国队当年创下的纪录。第二年，我又打破了自己创下的纪录。我可以做到准确记忆一连串数字，以每秒1个数字的速度口述2分钟以上。我还可以在1分钟内记住一副洗好的扑克牌排列的顺序，15分钟内记住117个人的姓名与相貌，30分钟内记住1200个二进制数字的顺序，1小时内记住11.5副扑克牌的排列顺序等。当然，我在日常生活和工作中的记忆力也得到了相应提高：可以更好地记住妻子说过的事情，还可以记住见过的人的姓名，在工作中也表现得更好。不得不说，记忆力水平得到提升的同时，我的生活也随之得到了改善。

除了取得名次之外，在参加竞赛的过程中我还发现了一件更有意思的事——我遇到的每个人几乎都有与我类似的经历，即因受到记性差的困扰而决心改善记忆力。通过特定训练后，他们极大地提升了自己的记忆力水平。现在，我已经成为一名记忆运动员，以及训练过数千名学生的记忆教练。我的学生中既有三年级的小学生，也有成年人和退休的老年人。通过他们的训练，一些记忆技巧的有效性屡次得到了验证。

本书包含一些与记忆技巧有关的简单步骤，按照这些步骤进行练习，你也可以改善自己的记忆力。全书分为"生活""学习与个人成长""工作"三大部分内容，每一部分都收录了25个非常实用的记忆技巧。很多记忆技巧中都包含一些最基本的练习，因此我建议你从头到尾阅读本书，以获得最大收获。不过如果你有迫切的特定需求，也可以直接去找书中的有关解决方案。

本书所包含的记忆技巧有别于我们以往使用的死记硬背法。这些技巧看起来可能会有点奇怪，或者你认为很耗时，甚至令人难以置信，然而在很多日常情况下你会发现，某些看起来很奇怪的技巧其实非常好用。因此，千万不要把本书简单地读一遍就扔在一边，试着为自己挑选一种技巧并努力进行练习。这样一来，你可能会取得意料之外的收获，成功地改善记忆力。本书提供的各类记忆技巧旨在帮助你与自己的头脑进行合作，而并非与之相对抗。你完全可以做到提升自己的记忆力水平，进而改善自己的生活。

第一部分

生　活

　　本部分内容涉及25个记忆技巧，将为下文更复杂的方法与技巧奠定基础。这些技巧非常有效，可以帮助我们应对很多记忆出现问题的常见情形。你可以先通读一下这部分内容，然后选出自己感兴趣的1~2种技巧进行应用练习。

| 01 |

记忆的3个基本步骤

大多数人都认为记忆只发生在一瞬间，也就是说，当听到某一件事情的时候，要么记住它，要么忘记它。然而，记忆行为其实远比我们想象的要复杂得多，大致可以分为以下3个基本步骤（FAR）：

（1）把注意力集中于有关信息（Focus）。

（2）在大脑中整理记忆素材（Arrange）。

（3）需要用到信息的时候调取记忆（Retrieve）。

如果想改善记忆力，就需要严格执行以上3个步骤，跳过任何一个步骤都无法进行正常回忆。因此，改善记忆力的第一步就是确定自己在哪个基本步骤中容易出现问题。一旦你认识到自己的问题所在，就可以在阅读本书的过程中进行针对性的训练。

技巧：识别问题所在

现在，我们需要花几分钟时间来思考一下自己在记忆方面存在哪些问题。准备一支笔和一张纸，把自己的问题写下来。随便在一张废纸或者信封背面书写就可以，不必刻意准备精致的笔记本。书写的方式可以帮助我们有效地识别自身较为突出的问题。根据我个人的经验，很多记忆问题的出现都是因为略过了步骤1，也就是说没有集中注意力。在日常生活中我们经常一心多用，这种做法会分散注意力，致使"自然记忆"无法正常发挥作用。不过，这种现象不一定就是你自身的症结所在，你仍然需要根据你的个人情况进行具体分析。

具体操作方法

回忆一下自己近期出现的记忆问题，想一想自己具体都忘记了哪些事情，然后在纸上用简单的文字予以总结。比如，"忘记了周年纪念日"、"重大考试过程中大脑一片空白"或者"忘记了工作截止日期"。

接下来，回想一下这些记忆问题的持续时间、诱因、试图调取记忆时的状况，以及调取记忆之后的有关情形，然后回答以下问题：

（1）在听到、读到或者看到有关信息的时候，你是否无法充分集中注意力来进行记忆？简单来讲，你是否无法集中注意力？

（2）对信息进行记忆之后，有关信息是否与其他信息发生了混淆？

（3）对信息进行记忆之后，大脑是否在调取记忆时"一片空白"？

针对刚刚总结出的记忆问题，写一下自己在哪个步骤上出现了问题。针对记忆问题反复进行思考与总结，然后在各个问题的后面写下可能存在的原因。比如：

• 忘记了周年纪念日（步骤2）：知道日期，但是因为当时在想其他事情而没有放在心上。

• 重大考试过程中大脑一片空白（步骤3）：掌握了信息，但是因压力过大，无法调取记忆。

• 忘记了工作截止日期（步骤1）：没有记住领导更改后的截止日期。

以上示例显示，这里需要针对记忆的3个基本步骤进行改善训练。你自己的列表可能也会表明你需要针对3个步骤进行改善练习。比如，你的列表内容可能为：左耳进右耳出（步骤1）、心绪杂乱无法进行记忆（步骤2）、压力过大无法正常调取记忆（步骤3）。无论具体出现了哪些问题，对存在的问题进行识别都将有助于你开始记忆改善之旅。

| 02 | —————————————

清晨记性好

在日常生活中，我们需要记忆太多东西，其中包括他人的姓名、工作截止日期、各类日常任务，以及与他人的对话内容等。记忆这么多内容是一项非常繁重的任务，特别是在我们自身存在记忆问题的情况下，会带来巨大的压力，甚至让我们每天早上伴着这种恐惧醒来——"我的记性太差，今天可能又要丢脸了"。与其生活在恐惧之中，不如直接着手对记忆力进行改善练习，每天进步一点点，最后会有明显的提升。你只需要在个人习惯和态度方面做出一些小小的改变，就可以让自己的记忆力得到提升。

技巧：保持身心健康

你可能会在毫不知情的情况下破坏了自己的记忆力，而针对个人生活所做出的简单改变可以带来很大的转变。保持身心健康能帮助你轻松达到最佳记忆效果。我们经常会因为工作太忙或者压力过大而停止去做那些明显对自己有益的事情，而保持身心健康恰恰可以让我们的自然记忆正常发挥作用。这一点说起来容易，做起来可能就没有那么简单。请在阅读以下内容的过程中，留意可以为自己带来积极改变的建议。

具体操作方法

以下内容包含保持头脑健康与良好记忆力水平的5条建议。通读以下内容，挑选1~2条建议纳入你自己的日常生活中，并通过每天简单的重复来养成习惯。拥有健康，良好的记忆力就在向你招手。

第一，补充睡眠。我们的大脑天生具备储存并调取信息的功能，在日常生活中一直发挥着这样的作用。而缺乏睡眠会影响大脑的正常运转，因此我们需要优先考虑早睡并提高睡眠质量，而且要限制自己睡前面对电子屏幕的时间，同时调节自身的压力水平，减少心理活动。很多人在改善记忆力的过程中都会优先采用这类方法。

第二，多喝水。身体缺水会对记忆力造成损害。你可以向专业医师咨询一下自己日常所需水分的具体情况，一般情况下人体每天需要补充6~8杯水。

第三，锻炼身体，坚持运动。身体是否健康在很大程度上直接决定心理状态的好坏，而有氧运动与良好的记忆力之间存在直接关联。咨询一下专业医师，采用适合自身年龄与身体条件的锻炼方法。

第四，合理膳食。众所周知，合理膳食有益于身体健康，而我们的大脑同样需要通过饮食获取ω-3脂肪酸和抗氧化剂来维持健康。富含ω-3脂肪酸的食物包括核桃、三文鱼和奇亚籽等。富含抗氧化剂的食物则包括菠菜、杏仁、葵花子、蓝莓、羽衣甘蓝、长山核桃、草莓、橙子和豆类等。这么多食物里面肯定有你喜欢的种类。咨询一下专业医师，挑选出最有利于自身健康的食物。

这里需要注意的是，你不用彻底更换自己的食谱，只需把特定种类的食物添加到适合搭配的日常饮食中即可。比如，我个人喜欢在燕麦粥或者饮用水里加一点儿奇亚籽，你也可以考虑在做意大利千层面的时候切一点儿羽衣甘蓝或者菠菜添进去。

第五，降低压力水平。压力是记忆力的头号宿敌。你可以挑选一些比较健康的方法，每天持之以恒地练习并形成固定的日程安排，借此为大脑调节压力水平。对于我个人和我的学员来说，比较有效的方法包括睡前洗个澡、早餐前或晚餐后散步放松，以及晚上与朋友通电话互相倾诉等。倾听一下他人遇到的困难和挫折，往往会让我们自己的问题看起来更容易解决。

| 03 | ───────────────────────

记忆重要日常用品的摆放位置

你是否经常会因为找不到自己的眼镜、钥匙、钱包、手机或其他小件物品而感到沮丧呢？你是否曾经一边抱怨自己记性太差，一边翻箱倒柜找东西呢？找不到东西是我听过的颇让人烦恼的事情之一，不只是老年人，也有年轻人。很多人都可以记住他人姓名之类的重要信息，却总是弄丢自己的眼镜。还有一些学生非常认真地做完了家庭作业，却因为忘记把作业放在了哪里而无法提交。如果你也有忘记东西放在哪里的烦恼，那么可以使用以下技巧。

技巧：发挥想象力

虽然我们可能会说"我忘记把眼镜放在了哪里"，但是，这种说法其实并不准确。问题的关键并不是忘记物品的摆放位置，而是我们把东西放在某个地方的时候没有集中注意力。比如，我们去洗手的时候随手把钥匙放在了柜台上，随后就找不到自己的钥匙；我们跑回房间去拿某样东西，随手把墨镜放在了门口的桌子上，拿了东西之后回到车上，准备开车的时候却找不到墨镜。

当我们心不在焉乱放东西的时候，自然无法集中注意力。那么，我们应该怎样应对这种情形呢？以下内容着重于想象力的发挥，据此你可以记得物品的摆放位置，而再也不会丢三落四了。

具体操作方法

第一，想一下自己经常会弄丢哪样物品，比如钥匙、钱包或者手机。思考一下，自己总是弄丢这一样物品，还是也包括其他物品。回想一下最近几次弄丢物品的情况，把范围缩小到其中的一两次，然后仔细想一下这件物品应该被放在什么位置。这个位置就是这件物品的正确摆放位置。

第二，现在试着联想一下，如果每件物品没有放在正确的摆放位置上，势必会造成的严重后果。比如，我会想象如果钥匙放错位置时，它就会变得非常滚烫，闪烁着红色的亮光。这样一来，每次随手放钥匙的时候我就会想："如果我把钥匙放在桌子上太久，可能会烫坏桌子。"

第三，拿出30秒时间进行不同种类的具象化想象。想象一下自己的东西会变得滚烫、冰冷、潮湿，沾上油漆或者沾满其他污垢。比如，你可以想象某一件东西会变得冰冷或者潮湿，留下了水印或者污垢。如果你喜欢进行带有色彩的想象，那么可以想象一下自己的东西带有类似放射物质呈现的亮绿色，或者油漆刚刚晾干的鲜黄色。这类想象，借用食物可能会更加容易。比如，你还可以想象一下自己的手机沾满红色番茄酱的样子。

第四，把特定物品放在错误的摆放位置附近，然后想象一下这个位置遭到破坏的样子。这里需要充分发挥想象，并有创意地进行夸大——你要足够夸张地为自己的物品及摆放位置设想一种非常奇特的场景。接下来把这件物品放到其他位置，再次进行想象。

第五，每次摆放东西的时候都进行一下这种想象，尽量把有关场景想象得栩栩如生。然后马上告诉自己"这个位置彻底毁了"，并在大脑中简单地描绘出错误的摆放位置被烧焦、熔化，或者伤痕累累、沾满污垢的场景。

这样听起来可能有点傻，但尝试之后你会发现这种方法异常有效。大脑通常会借助图像进行思考，而这种方法的关键在于为自己的大脑找到一种有趣的方法，以此来集中注意力。这样一来，你就可以很好地记住自己把东西放在了哪里。今后每次放置易丢失物品的时候，都把这种发挥想象力的做法当作一个小游戏来练习。

03

> **小贴士：提高注意力水平**
>
> 　　如果想要记忆力得到即时改善，就要避免一心多用。当我们去听、去读或者去看某件事物的时候，要用心感受。另外，每次只把注意力集中在一件事情或者一个人身上。

| 04 |

记忆自己是否拔掉插头、关闭电源或锁好门窗

　　我曾经会因为不确定自己有没有关闭熨斗、灶台、烤箱，或者锁好门而感到无比焦虑。我经常会在关门或者关闭灶台的几分钟后产生怀疑，特别是在关门后，因已经无法回家再进行确认而对自己产生怀疑。于是，头脑中有一个问题反复出现——我刚才有没有关门？

　　以下技巧可以帮助你提醒自己拔掉插头、关闭电源或者锁好门窗，此外，还可以让你记得自己出门前确实做过这些事。

技巧：熟视无睹也能过目不忘

日常生活中，很多小事会因频繁发生而被我们不经意地忽略掉，可是我们仍然需要对这些事情进行记忆。本技巧将帮助你记忆这一类小事。在这里，你需要把自己做某件事情的经历与便于记忆的事件结合起来，比如唱歌。什么？你说你唱歌不好听？不好听反而更好！跑调的小曲通常会比那些唱得很好听的歌曲更利于记忆。如果你身边有其他人或者唱歌让你觉得不舒服，也可以把唱歌换成发出其他声响，获得的效果是一样的。

具体操作方法

第一，挑选一样最容易让自己感到焦虑的东西，比如熨斗、门窗或者灶台等。具体细节可能包括按下车库遥控器按钮、拔掉熨斗插座或者其他动作，总之确认自己确实想要记住这件事。

第二，为自己想要记住的事情随口编一首小曲，或者在做出特定动作的时候发出特定声响，然后添加与日期或天气有关的信息作为标识。比如：

拔掉熨斗电源的同时，用一种非常夸张的歌剧腔调唱道："周一拔掉了电熨斗！"关闭车库门的时候可以唱小曲儿："早上的天气阴沉沉，我已经关上了车库门！"唱这种小曲儿的时候可以使用从高到低或者从低到高的音调，营造一种渐强的听觉效果。对于歌曲，

04

你可以采用自己喜欢的音乐风格，流行音乐（如说唱、乡村音乐）或者歌剧都可以。听起来非常难听的歌曲同样有效，甚至比好听的歌曲更容易记忆。不要害羞，大胆地唱出来吧！

如果你不喜欢用小曲儿的方式，那么也可以用发出特定声响来替代。比如，为了记住自己出门的时候已经锁上了门，我经常会一边拧动门把手一边计数，同时在脑子里想"周一早上拧了3次"。拍手、打响指或者跺脚同样有效。

小贴士：提高注意力水平

这种技巧的关键在于添加标识。在没有标识的情况下，我可能确实记得自己唱过那首小曲，但随后会怀疑记忆中的唱歌其实是昨天发生的事儿，于是又必须折回进行确认。给唱歌或者特定声响添加标识之后，即使产生怀疑你也可以轻松回忆起整个动作过程，从而迅速进行确认。这种技巧可以为你的生活带来平静，还可以避免浪费时间进行反复确认。

05

记忆姓名

假设你在社交场合或者工作场合遇到了一个人，询问了他的姓名，然而没过多久却突然发现自己已经不记得对方的名字了。这种现象让你感到尴尬又沮丧。记忆姓名是一项很重要的技能，但对于很多人来说，这项技能非常难以掌握。接下来我将介绍一种简单却非常有效的技巧，它将帮助你轻松记住他人姓名。从现在开始，每当与他人初识并听到对方说出自己姓名的时候，你需要做的第一件事就是说出对方的姓名。

技巧：提问

影响我们记忆对方姓名的最大阻碍因素其实是"听"。当与他人相遇的时候，我们经常会受到自己的想法和周围环境的影响，以致无法集中注意力，于是就会出现"左耳进，右耳出"的情况。而后，在听到对方介绍自己姓名的时候，马上重复一遍这个名字，然后有针对性地提出一个问题。

这种技巧有助于完成记忆的3个基本步骤：

（1）让自己做好听到对方姓名的准备。

（2）大声说出对方姓名，有助于大脑进行记忆。

（3）提问有助于巩固记忆。

具体操作方法

如果记住对方的姓名这件事对你来说很重要，那么你可以事先练习一下这种技巧，做到熟练应用。找一个搭档辅助练习，让对方编造一个姓名进行自我介绍。如果找不到合适的搭档，也可以自行想象一个姓名进行练习。与搭档进行练习时可以试着互换角色，让对方也获得练习这种记忆技巧的机会。在练习过程或现实情景中，请遵循以下步骤：

第一，事先做好准备，重复对方的姓名并进行提问，这样有助于让大脑集中注意力。听到对方的姓名后，通过提问的方式进行重复，如"杰夫（Jeff）？"。提问之后，对方通常会告诉你是否听错。

第二，倾听对方的自我介绍并且主动进行重复后，我们的大脑便听到了两次对方的姓名。我们的自然记忆通常会记住重要的信息，所以在听到两次姓名后，大脑就会自动为这个姓名贴上"重要信息"的标签。

第三，针对这个姓名进行提问，巩固记忆。你可以选择以下3种提问方式：

（1）"你的名字应该怎样拼写呢？"或者"是不是拼写成……（某拼写方式）？"

（2）"这个名字是不是……（某常见全称）的简称？"

（3）"哦，是不是和……（某同名名人的姓名）一样？"

以姓名"杰夫（Jeff）"为例，具体操作如下：

（1）"是'杰出'的'杰'还是'敏捷'的'捷'呢？"或者"是拼写成J-e-f-f还是G-e-o-f-f呢？"

（2）"'杰夫'是'杰弗里（Jeffrey）'的简称吗？"

（3）"是那个明星杰夫·福克斯沃西的杰夫吗？"或者"是那个音响师（DJ）杰兹·杰夫的杰夫吗？"

以后，每次认识陌生人后，有针对性地对对方的姓名展开讨论，形成对话。这种方法不仅能够让你记忆对方姓名，还会使你们之间的交谈变得更为有趣。有关以上技巧的升级版本请阅读第6节"帮助他人记住你的姓名"的内容。

05

> **小贴士：帮助大脑整理记忆素材**
>
> 　　在需要记忆的新信息（比如对方的姓名）与已经掌握的旧信息（比如某著名演员的姓名）之间建立关联，可以帮助大脑整理记忆素材。这种关联可以产生联想记忆，当你想起其中一个人的时候就会自动联想到另外一个人。

| 06 |

帮助他人记住你的姓名

　　目前，我们提到过的记忆技巧都非常强大，可以很快看到效果。慢慢地，你的记忆力正在逐步得到改善，而你身边的人也会注意到这一点。除了增强自身的记忆力之外，你还可以用自己学到的记忆技巧帮助他人改善生活。上文第5节"记忆姓名"中提到的有关技巧不仅可以帮助你记住对方的姓名，还可以让他们也掌握这种终身受益的记忆方法，借此传递正能量。

技巧：针对自己的姓名做出解释

我们在上文中提到，对于姓名进行有针对性的提问；这里角色互换，针对自己的姓名做出解释。你遇到的人很有可能像你之前那样，在倾听与记忆姓名方面存在障碍。仔细观察之后你可能会发现，某个你新认识的朋友转眼已经忘记了你的名字。那么，是时候帮助他们从这种痛苦里解脱出来了。我们提到过，记忆姓名的技巧不仅可以帮助你记住对方的名字，还可以帮助对方记忆你的姓名。从帮助对方的角度来讲，你可以说明一下自己名字的书写形式、全称和简称，以及哪个名人用了相同的名字。

具体操作方法

第一，下次与他人相识的时候，你可以直接应用上一节姓名记忆技巧中所提到的3个步骤，或其中的1个步骤，巩固自己的自然记忆，并记住对方的名字。比如，你可以问："Jenn（珍）？拼写成 J-e-n-n 对吗？是 Jennifer（珍妮弗）的简称吗？"接下来，通过相同的技巧进行自我介绍，对自己的姓名做出解释。

第二，进行眼神接触，吸引对方的全部注意力。如果对方的注意力被周围环境转移了，那么稍微等一下。说出自己姓名的时候尽量放慢语速，保证口齿清晰。比如，你可以说："很高兴认识你，珍。我叫……"

第三，解释自己姓名的时候可以选取上一节所提到的3个步骤中的1个或多个，以帮助对方巩固记忆，如书写形式、姓名全称、对方认识的同名明星等。比如，我会这样介绍自己的名字：

> "很高兴认识你，珍。我叫布拉德（Brad）。布拉德的全称是布莱德利（Bradley），不过我更喜欢别人叫我布拉德。想象一下，你现在正在和布拉德·皮特[1]聊天，这样的话，就很容易记住我的名字了。或者你也可以想象一下布拉德·皮特是我的好朋友，现在有两个布拉德正在跟你聊天，这样就比较容易记忆了。"

这样一来，你就可以帮助新朋友记住你的名字，还可以让你们之间的对话变得有趣一些。对方可能没有意识到，你已经帮助他们避免了没有听清或者没记住你名字的尴尬。这一刻，你就是低调的大英雄。

---

[1] 布拉德·皮特（Brad Pitt），美国演员、制片人，曾出演《燃情岁月》《好莱坞往事》《史密斯夫妇》等。——编者注

| 07 | ———————————————

记忆自己的停车位置

不知你是否经历过这样的情况：当从超市里买完东西后出来，却忘记了自己的停车位置，以至于在停车场里到处找车的时间比购物花费的时间还要多。小时候我老爸会对我说："记住，咱们的车就在那辆白车旁边。"不过停车场里的车辆流动性很强，而且白车也很多，可能每3辆车里就有1辆白色小汽车。神奇的是，我和老爸每次都能找到我们的车。因为除了旁边的白车以外，我们同样留意了一下停车的大概位置。接下来，我将介绍我老爸的记忆方法的升级版本，帮助你迅速找到自己的停车位置。

技巧：集中注意力

找不到停车位置的主要原因是我们在停车的时候注意力涣散。因此，找不到停车位置并非记忆力不好，而是我们从一开始就根本没有进行记忆。下次停车的时候可以发挥一下想象力，使用具象化技巧，借助附近的物体来记忆具体的停车位置。这

07

种记忆过程最多花费一两秒钟，却非常简单实用。

具体操作方法

下面介绍两种比较相似的记忆方法：第一种方法需要充分发挥想象力，更便于记忆；第二种方法则相对更为简单、快捷。

方法一

· 停车。

· 下车的时候记忆一下车附近的树、路灯、人行道、指示牌，或者其他固定标识。不要把其他车辆作为记忆对象。

· 想象一下自己的汽车与这些标识的互动关系：你的汽车可能会冲过道路边缘，一头撞到附近的店面，这时一块指示牌落在车顶上，你的汽车开始起火，引燃了附近的灌木丛；或者你的汽车撞到店面之后开始滑车后退，挡住了道路造成交通阻塞。

· 试着想象一下，当你走出商店后看到自己那辆车所引起的骚动的场面。这样一来就可以在汽车与商店之间建立关联。

· 另外，你还可以估计一下自己的停车位置与商店之间的角度或者相对位置关系。比如，停车位置正对店门还是与之呈45度角？自己去商店的时候走的是直线还是折线？

方法二

- 停车。
- 朝商店或者大楼看过去，找一下正对自己停车位置且方便记忆的物体。商店或者大楼一般都有大型的名称标识，可以从名称里面挑出离自己停车位置最近的字作为记忆点。比如，你来到了"布拉德超市"，把车停在了门口停车场最右边的位置，那么可以把"市"字作为自己停车位置的记忆点。如果沿道路两侧停车，可以估计一下自己的停车位置距离一些比较明显的参照物（比如，公交车站或者下一个路口）大约有多远。

以上两种方法你都可以试一下，看看哪一种对自己来说效果最好。充分调动自然记忆，可以为我们省去很多麻烦。今后你再也不用一边按遥控器追踪汽车发出的提示音，一边在停车场到处找自己的车了。

| 08 |

借助购物清单练习记忆

"我为什么要记住购物清单呢？我只要用笔写下来或者用智能设备提醒自己购买就可以了。"在这里，我个人比较推荐把记忆购物清单作为一种简单且毫无压力的锻炼记忆力的方法。通过有趣的方法记住自己的购物清单，可以起到锻炼记忆力的作用，进而使你在生活中的其他重要方面获得提升。

技巧：发挥创造力

这是本书全部内容之中颇有趣的技巧之一。尽可能发挥创造力，为购物清单上的物品建立关联。这里需要你放飞自我，释放出一些奇特的想法，通过 CAST 记忆法把色彩（Color）、动作（Action）、尺寸（Size）、质地（Texture）等元素添加到自己想象出的画面中。你可以把球形生菜想象成一颗沉重的保龄球，并用它击倒一大盒牛奶；还可以想象一下这棵生菜从生鲜区一路滚到牛奶冷藏柜里的场景。这种方法可以帮助我们轻松记忆各种事物，且同样有助于提高我们迅速跳出既定框架的思维能力。

这种方法非常省力，因此我个人很喜欢使用这种记忆技巧。你可以从购物清单里任意挑出2~20件物品进行尝试。当然，在采购的过程中，你仍然可以随身携带购物清单，不用担心漏掉需要购买的物品。只不过你应该尽量减少用清单的次数。初期阶段可以先尝试记住两三样比较重要的物品，熟练之后可以慢慢添加其他物品，直至记住一整张清单。

具体操作方法

第一，写下自己的购物清单。

第二，选出其中几样物品进行记忆。这里我推荐选出相对重要的两三样东西。

第三，想象一下商店入口。

第四，继续发挥想象力，想象自己想要购买的第一件物品放在想象中的商店入口处，随后在脑海中把这件物品的包装拆掉，然后将物品进行放大。如果是液体，就想象它溢出来的样子或者它外貌形态改变后的样子。总之，越容易记忆越好。比如，想象调味料洒满商店地板的场景，然后走进商店可以闻到气味；想象一盒巨大的牛奶发生了泄漏，致使整个商店都淹没在半米深的牛奶里的场景；想象一块巨大的面包堵住了商店入口，你必须通过吃面包吃出一条通道才能进入商店。

08

第五，使用一种有趣的方法让下一件物品和第一件物品之间建立关联。如果你首先想象的是牛奶淹没商店的场景，那么，接下来可以想象用一块巨大的面包来吸收牛奶。

第六，对想象出来的画面进行夸张处理，继续为整个故事增添细节。不要保守地去想那些正常尺寸的牛奶和面包，你应该彻底放飞自我——想象的场景越夸张越好。

第七，当你来到商店入口的时候，在脑海中呈现刚刚想象的场景。

第八，在购物过程中，继续回忆想象中的场景。如果突然忘记了故事情节的话，可以重新回到想象中的商店入口处，把整个故事重新捋一遍。

第九，排队结账的时候重新回顾一下整个故事，对照购物清单检查自己是否拿到了所有需要购买的东西。

当你熟练掌握这种方法之后，试着每次在想象中多添加几样物品。另外，可以更换一下假想场景所发生的地点，以避免不同购物清单的故事主线之间发生混淆。

小贴士：借助富有创意的生动画面来帮助大脑记忆

　　想象出的画面必须既有趣又奇特，这样才能便于记忆。总之，越夸张越好。此外，想象出的画面还应该包含 CAST 记忆法中的一种或多种元素。

| 09 | ——————————————

记忆自己是否已服用药物

　　"我今天吃没吃药？应该吃了……不过，也可能是昨天吃的。"记忆日常琐事具有一定难度，因为在重复发生之后，这些事情千篇一律，使记忆它们变得很机械。然而，忘记服用药物或者重复服用药物可能会造成较为严重的后果。本节内容将推荐一种可以帮助你记忆药物服用情况的方法。

　　首先我需要做出免责声明：服用药物是一件非常严肃的事情，这里提到的记忆技巧可以帮助你记忆自己是否服用过药物，但是需要按时服用的情况请自行设定闹钟进行提醒。另外，请通过手写记事贴或者在日历上做标记的方法确认自己已服用药物。在这里，通过大脑记忆只是一种辅助手段，单纯依靠记忆提醒自己吃药仍然存在风险。

技巧：集中注意力并制造声响

　　这种技巧的关键在于，将那些日常琐事或者容易忘记的事情关联到便于记忆的事物上。在日常生活中，我们的注意力总是会被其他事物所吸引，比如窗外的鸟叫、当天的天气、当时的感受，以及收音机或者电视机正在播出的节目等。把注意力转移到外界事物上的同时发出声音或者制造出响动，可以帮助我们的大脑记住与那一刻有关的情形，以及当时所发生的事情，比如吃药。事后如果你不确定自己有没有吃药，就可以回忆一下当时自己说过的话或者发出的声响来进行确认。

不过，这里存在两个问题：一是上文提到的按时吃药的问题；二是需要记住自己这一次有没有吃药。这两件事非常容易被遗忘。本节接下来介绍的技巧仅作为记忆日常服药的额外保障。

具体操作方法

第一，今后每当需要吃药的时候，就大声告诉自己"我正在吃药"。

第二，为当时的情景添加其他要素，比如日期与时间、家中或外面正在发生的事情、天气，以及自己当时的感受。比如，你可以告诉自己："星期二上午 8：00 我正在吃药。今天下雨了，我感觉很累，不过喂鸟器旁边来了一只漂亮的红雀。"

第三，说完上面这段话之后发出一些特殊的声响，比如拍手、跺脚、吹口哨、弹舌头或打响指等。每次服用药物之后变换一下发出的声响的类型，以避免记忆发生混淆。

这种技巧有效的原因主要包含以下几点：一是它有助于让大脑把注意力集中在吃药这件事情上；二是大声说出当时的情景有助于大脑记忆当时的有关情况，巩固自然记忆；三是发出的声响同样可以作为提示性因素。整个流程大致包括3步，即集中注意力、制造声响、记忆。

| 10 | ————————

记忆长相

很多人都存在姓名方面的记忆障碍，但通常会声称自己绝不会忘记他人的长相。不过，也有人很难记住长相。在这种情况下，他们通常会先努力记住对方的面孔，然后再努力记住面孔所对应的姓名。本节内容所介绍的技巧可以帮助你培养注意他人面部特征的习惯。

技巧：面部扫描

人类的面孔有很多共同特征，接下来我们将学习如何留意面部特征，不再忽略它们。我们将尝试对他人进行"面部扫描"，从识别较为宽泛的面部特征开始，一直到更加细节化的特征。如果你闭上眼睛就能想象出对方的长相，那就说明你已经成功地做到了对面孔进行识别。这种方法的主要目标在于，"通过描述使他人可以认出他们没有见过的人"。

具体操作方法

第一，当你见到想要记住长相的人时，从交谈的过程中就开始"扫描"他们的脸型及面部特征，并在心里默默地定义这些特征。

第二，从脸型特征开始定义。对方的脸型为圆形（长度与宽度大致相同）、椭圆形、长方形（比椭圆形更细长一些），还是方形（下颌宽度与额头宽度较为相近）？有一些脸型不太常见，比如菱形、心形和梨形。这一类形状相对难以识别，所以对于大多数人来说记住前面四种脸型就可以了。

第三，留意一下对方的眼部特征。对方的眼皮是否有点耷拉？眼距较近还是较宽？眼睛是否属于细长的类型？眼窝深不深？

第四，留意一下对方的鼻子类型。对方的鼻子是属于朝天鼻的类型还是属于肉乎乎的类型（像爱因斯坦那样），或者是消瘦的类型？是有着像古罗马雕像那种的鹰钩鼻？另外，鼻翼较宽还是较窄？鼻头为圆形还是尖形？

第五，留意一下对方的嘴巴或者嘴唇的形状特征。对方的嘴唇是薄的还是厚的？嘴巴较宽还是较窄？嘴唇呈圆形、尖形，还是心形？是否存在一片嘴唇比另一片更薄的特征？

第六，迅速为对方的面部特征进行第二次"扫描"。与此同时，在心里默默地罗列出对方的各种面部特征，比如圆脸、宽眼睛、鼻子消瘦、薄嘴唇。

第七，寻找其他较为突出的面部特征，比如雀斑、痣，或者耳朵的大小。

第八，简单注意一下对方的发型、发色、妆容及耳洞等特征。不过这些特征会随着时间发生改变。

第九，与对方结束交谈之后，在心里重新想象一下对方的面孔，并重复回忆一遍对方的面部特征。

第十，晚上睡前刷牙的时候，回顾一下自己今天遇到的人都具有一副怎样的面孔。可以想象一下他们就站在旁边和你一起刷牙，而你可以从卫生间的镜子里看到他们的脸。

留意并描述面部特征这件事在一开始可能会有点儿难。不过，你可以通过练习把这种能力培养成第二本能。当养成自动扫描对方面部特征的习惯之后，你就可以很容易记住他人的长相。

> **小贴士：利用刷牙时间进行回顾**
>
> 　　根据专业牙医给出的建议，我们应该每天刷两次牙，每次持续两分钟。我们可以把这段时间用来回顾自己想要记住的各类信息，比如，最近结识的人叫什么名字，或者某一本书的书名。充分利用刷牙时间进行回顾，有助于巩固记忆。

| 11 | ————————————

记忆航班号及航班时间

　　最近我正在旅行。在机场看航班信息展板的时候，我发现居然有6个航班可飞往我的目的地。那么，哪个才是我要搭乘的航班呢？我通过使用本节内容提到的技巧记住了航班号，于是很容易就找到了自己要搭乘的航班，即使登机口发生了改变也不用担心。记忆航班号、航班时间，以及登机口看似很困难，其实一点儿也不难，而且肯定比你摸索口袋里的那张登机牌或者拿出手机查看航班信息容易得多。

技巧：MOST 记忆法

回忆数字之所以看起来很难，是因为数字本身对于我们来说一般不具有任何意义。解决问题的关键在于寻找一种既可以帮助记忆，还能够为数字赋予特殊含义的记忆方法。MOST 记忆法可以创造性地把数字转化为以下4种类型的信息：

(1) 金钱（Money）。

(2) 物品（Objects）。

(3) 体育运动成绩（Sport scores）。

(4) 时间（Time）。

具体操作方法

假设你需要搭乘的8631次航班将在上午9：35飞往美国迈阿密。为了便于记忆有关数字，转化方式需要更为有趣一些。

航班

·金钱。把航班号转化成金钱数，想想自己可以用这些钱买到什么东西。如果有人突然给了你86.31美元或者8631美元，你要怎样花掉这笔钱呢？

·物品。想象一下与航班号的数字有关的物品。比如，你可能在1986年买了自己的第一辆车，或者你喜欢的冰淇淋有31种不同口味。

• 体育运动成绩。航班号的数字是否会让你联想到自己喜欢的某项运动？比如，想象一下自己用86分31秒跑完了半程马拉松，或者卧推重量为86磅（约39千克）的杠铃。再比如，想象一下如果你喜欢的球队以86：31的比分获胜，自己会有什么样的感受。

• 时间。航班号8631可能无法与时钟直接相关联，不过你可以通过联想把这个数字与逝去的时间关联起来。比如，回忆一下在自己认识的人里面，今年86岁和31岁的人都有谁，然后想象自己与这些人互动的画面。

航班时间

MOST 记忆法同样可以应用于记忆航班起飞时间。你也可以稍微变通一下，使用"就餐与金钱"记忆法。

• 就餐。明确起飞时间与一天之中哪一餐的时间最为接近。假设航班起飞时间为上午9：35，那么这个时间最接近早餐时间。

• 金钱。把航班起飞时间转化为金钱数。比如，你可以告诉自己："我的航班起飞时间是上午9：45，所以我要去机场吃早餐。不知道9.45美元可以在机场买到什么东西吃。"

小贴士：寻找登机口

登机口编号一般为英文字母与数字的组合。怎样才能让登机口编号变得好记呢？你可以这样做：第一步，把编号开头的英文字母转化为一种食物，比如登机口 A（苹果，Apple）、登机口 B（香蕉，Banana）、登机口 C（饼干，Cookie）。第二步，把编号里的数字想象成这种食物的数量或者价格，比如，针对登机口 A4，你可以想象自己像杂耍艺人那样一边抛接4个苹果，一边跑着赶飞机；再比如，针对登机口 C18，你可以想象自己在机场花了 18 美元买饼干。

| 12 |

记忆车牌号码

你记得自己的车牌号码吗？你觉着有没有必要记住自己的车牌号码呢？某一天你可能会需要用到车牌号码，如果记住的话就不用特意跑到车库里去查看号码了。当你入住酒店的时候，一些酒店需要登记车牌号码，以防止你的车被拖走。另外，在遇到其他车辆肇事逃逸的情况下，你可能也需要记忆对方的车牌号码。好在记忆车牌号码比你想象得要容易得多。

技巧：字母图像系统

所谓借助字母图像系统记忆车牌号码，就是把车牌号码里的英文字母转化成有趣的图像来进行记忆。你需要把各个字母与你容易想象的图像关联起来。我个人喜欢把字母转化成食物，比如：苹果（Apple）代表字母 A，香蕉（Banana）代表字母 B，饼干（Cookie）代表字母 C，甜甜圈（Donut）代表字母 D，鸡蛋（Egg）代表字母 E，薯条（French fries）代表字母 F 等。当然，你也可以使用动物、人物或者其他任何便于记忆的东西等所代表的图像。在给自己车牌号码里的字母选好对应图像之后，你就可以结合 MOST 记忆法（参见第 11 节）进行记忆了。

具体操作方法

第一，使用字母图像系统把车牌号码里的字母转化为图像。

第二，使用 MOST 记忆法把车牌号码里的数字转化为金钱、物品、体育运动成绩或者时间。

第三，发挥自己的创造力，把自己车牌号码里的字母和数字关联起来。想象出的场景需要包含色彩、动作、尺寸、质地等细节，以至场景变得更为有趣一些。让我们来举几个例子：

3D1979。想象 3 个甜甜圈（D，Donut）自 1979 年

以来一直摆在那里。顺便想象一下发生在1979年的有关事件，以及甜甜圈放了这么久以后的样子。

EJU7909。购买鸡蛋（E，Egg）、果酱（J，Jam）和海胆（U，Urchin）总共花费了79.09美元。

756WBR。快到8：00的时候（7：56），一个西瓜（W，Watermelon）从桥（B，Bridge）上落下，砸在了一盒葡萄干（R，Raisin）上。

6TRJ244。6辆卡车（TR，Truck）造成了交通拥堵（J，Jam），被堵住的车中有2辆4×4的四驱越野车。

小贴士：逗"无聊的小孩"开心

有时候我们可能会发现自己很难发挥创造力。为了保持思维活跃，你可以设想一下自己面前有一个无聊的小孩。现在你必须逗他开心，否则这个小孩就会把周围弄得一团糟。那么，就编一个傻傻的故事把他逗笑吧。

| 13 | ————————————————

通过简易系统记忆数字

　　MOST 记忆法（参见第 11 节）在记忆数字方面具有一定的局限性，有时候我们很难把数字转化为金钱、物品、体育运动成绩或者时间，而数字恰恰又是很难记忆的信息类型之一。因此，当 MOST 记忆法不适用的时候，我们就需要另一种记忆方法来辅助记忆。简易系统是一种非常易于使用的记忆系统，在这里我推荐你学习有关内容，然后再把它教给你的家人和朋友。你可以在采购物品的过程中练习一下，这样很快就能熟练掌握这种方法。

　　除 MOST 记忆法和简易系统之外，我们还将在后文提到另外两种用于记忆数字的方法。你可以先从整体上了解一下这 4 种方法，然后选出其中一种重点掌握。

技巧：简易系统

　　与 MOST 记忆法不同，简易系统为数字预先分配了特定图像，把0~9中的每个数字都转化为与数字形状有关或者可以让你联想到的事物。以下为转化示例，你也可以根据自己的想象把数字转化为其他图像：

0 → 甜甜圈 / 足球

1 → 棒球棒 / 蜡烛

2 → 一双鞋子

3 → 三轮车

4 → 四条腿的凳子

5 → 鱼钩、鱼或者钓鱼用的浮标

6 → 蚂蚁（6条腿）

7 → 回旋镖

8 → 章鱼（8条腿）

9 → 猫（9条命）

记忆多位数字的时候可以把数字与其有关的图像结合起来。比如，你可以把98想象成一只猫正在抓水族箱里的章鱼。请充分发挥你的创造力，对简易系统进行扩充。一部分数字可能比较容易被转化，比如：

10 → 满分10分

11 → 音量旋钮拧到 11 的扩音器 [1]

16 → 16 岁那年得到的第一辆车

18 → 18 个轮子的牵引车

21 → 纸牌游戏的 21 点

64 → 披头士乐队（作品《当我 64 岁的时候》）

具体操作方法

第一，列出 0~9 中的所有数字，然后参考上述示例为每个数字关联一种图像。

第二，刚刚开始使用简易系统的时候，可以在出行过程中练习记忆车牌号码或者其他自己随机看到的数字。练习得越多，你就越熟练此系统，从而可以记住的数字也会越来越多。你可以在购物的时候进行练习，比如，为了记住一盒饼干的售价是 28.9 美元，你可以想象一下自己把饼干藏在了鞋子（2）里，然后来到水族箱前打算喂章鱼（8），结果看到一只猫（9）正趴在水族箱的边缘试图抓住章鱼。

---

[1] Up to eleven 是美国的流行语，意思是把扩音器的音量旋钮拧到 11，出自电影《摇滚万万岁》。在影片中，吉他手耐吉尔自豪地展示了一台扩音器，它的音量旋钮从 0 到 11，而不是通常的 0 到 10。——编者注

为什么要大费周折记忆数字呢？

是时候讨论一下这个问题了。

我们为什么要记忆数字呢？饼干的售价、大街上的车牌号码，以及其他类型的数字看起来无关紧要，我们为什么还要特意去记忆它们呢？建议大家针对某一种数字记忆系统或方法进行练习是一件很有意义的事情，主要包括以下原因：

- 这一类系统或方法可以锻炼大脑，而且简单易用，非常有趣。

- 有助于提升注意力水平。

- 练习记忆不重要的信息有助于记忆关键信息。

- 有助于让大脑保持年轻与活力。

- 有助于开发创造力。

- 拥有记忆数字的能力可以给他人留下深刻的印象。

| 14 | ─────────────

记忆重要日期的月份

当别人记得自己的特殊日子的时候，人们总是心怀感激。尤其是在未经社交媒体或者相关人士提醒的情况下，感激之情更为强烈。以下内容可以帮助你针对各个月份进行想象，让你记住他人的特殊日子，从而让身边的人如沐春风。不过，月份还需要与具体日期结合起来，所以这里只涉及其中一部分内容。

技巧：月份记忆系统

月份记忆系统将各个月份与特定图像关联起来，主要被用于记忆与重要日期有关的月份。这里的图像可以与本书中的其他技巧相结合，用来记忆事件、日期（如工作截止日期）等内容。

接下来我们将举例说明，同时你也可以想一下各个月份对你自己来说有哪些特别之处，比如节假日或者发生在某个月份的特定事件。先想到哪些内容就使用哪些内容，因为它们今后仍然可能是你首先联想到的内容。这样你就可以轻松应用月份记忆系统。

具体操作方法

第一，在脑海中过一遍各个月份，看看自己能否联想到一些节假日或者其他图像。这里需要注意，冬季月份不一定都会是下雪或者结冰的天气情况。根据本书示例或者你自己想到的内容分别为各个月份关联特定图像。

第二，使用 CAST 记忆法（参见第 8 节）为图像增添细节，加入色彩、动作、尺寸、质地等要素，让整个图像可以马上在脑海中浮现。今后当你对各个月份进行联想的时候，有关图像应该像你特别熟悉的手机应用程序或者电脑软件的图标那样，立马就能浮现在你的眼前。

第三，睡前刷牙的时候在心里过一遍各个月份的关联图像，以巩固记忆。如果你无法马上联想到某一月份的图像，可以尝试重新创建图像并使用 CAST 记忆法多添加一些细节。让我们来举一些例子：

月份	节假日或事件	其他联想
1	跨年夜（时光老人）	冰柱
2	情人节（丘比特、心形、爱）	配偶、好朋友
3	圣帕特里克节（爱尔兰小精灵）	春天盛开的鲜花（番红花）

月份	节假日或事件	其他联想
4	愚人节（整蛊）、世界地球日（环保）	雨水、雨伞
5	五月五日节（墨西哥国旗）、母亲节（母亲）	五月花号轮船
6	父亲节（父亲）	萤火虫
7	美国独立日（山姆大叔或者烟花）	槌球
8	夏季（泳池）	蚊子
9	美国劳动节（烧烤）	开学、校车
10	万圣节（南瓜灯）	八度音[1]、钢琴
11	感恩节（火鸡）	不[2]！
12	圣诞节（圣诞老人）	雪人

---

[1]　"八度音"的英文单词"Octave"与"10月"的英文单词"October"的前三个字母一样。——编者注

[2]　"不"的英文单词"No"与"11月"的英文单词"November"的前两个字母一样。——编者注

────────────────────────

记忆护照号码与有效期

当我们飞国际航班时，可能会被要求填写包含航班信息与护照号码等有关内容的表格。本书第11节介绍过关于如何记忆航班信息的技巧，接下来我们将学习一下故事记忆法。它将帮助你快速记忆护照号码，免去你在随身行李中翻找护照的麻烦。

技巧：故事记忆法

世界上很多国家的护照号码都包含9位字符。故事记忆法的要点在于把9位字符串联成一个便于记忆的故事。我们仍然需要为每个字符关联特定的图像，使用自己第一反应能够想到的图像即可，比如简易系统（参见第13节）提到的关联图像、MOST 记忆法（参见第11节）提到的体育运动成绩与金钱数，或者其他对你来说具有特定含义的图像。你需要创作一个方便记忆的故事，让所有图像看起来像电视剧或者电影里演的那样生动。

具体操作方法

第一，拿出自己的护照（找护照可能是本技巧最难的部分）。

第二，使用简易系统或者 MOST 记忆法，将护照号码各个字符转化为图像。

第三，把这些图像串联起来，组成一个有趣的故事。

第四，在故事中添加与护照有关的图像或创意。这样一来，当你每次想到护照的时候，就能联想到故事中的其他内容。

第五，闭上眼，回顾一下自己串联起来的故事，重复3次，每次都使用 CAST 记忆法（参见第8节），以增添更多细节。

第六，睡前或者第二天早上刷牙的时候再次回顾一下整个故事。间隔一段时间回顾，有助于巩固记忆。

第七，把护照有效期的截止年份和月份添加到故事里。使用月份记忆系统（参见第14节），把月份转化成图像，同时把年份的最后两位数字也转化成图像，然后将它们与故事情节关联起来。最后，回顾一下所有细节，让整个故事更加生动一些。以下是一个例子：

护照号码：477746628；有效期至2027年6月

想象一下，你最喜爱的篮球队以47∶77的比分输掉了比赛。你沮丧地坐在一把四条腿的凳子（4）上，而此时有两只蚂蚁（6，6）正想往你的腿上爬。你用穿着鞋子（2）的脚踩扁了蚂蚁，然后把蚂蚁从地板上捡起来喂给了章鱼（8）。当天的天气很凉爽，气温为27摄氏度，最后你仍然决定带上护照去探望父亲（父亲节，6月）。

| 16 |

即时记忆前往当地人气旅游胜地的路线

在旅行途中问路，可以让我们结识一些有趣的人，发现一些只有当地人才知道的好地方。然而，我们有时候却很难记住路该怎么走，以致在兜上两三圈后感觉疲惫不堪。在这种情况下，我们通常会使用智能手机或者其他附带 GPS 定位系统的终端设备进行导航。但如果我们能直接记住路线，就会方便很多。

技巧：方向记忆系统

记住旅游胜地的名称与路线其实并不难，你可以在脑海里把相关信息转化成图像，然后通过故事记忆法（参见第15节）将它们串联起来。首先，你需要把一些与方向有关的信息提前转化成图像，组成属于自己的方向记忆系统。如下所示：

- 左（Left）＝"举起"（谐音 Lift），想象一下举重的场景。

- 右（Right）＝"击打"（谐音 Fight），想象一下拳击手套或者拳击场景。

- 东（East）＝"鸡蛋"（根据首字母 E 转化为 Egg）。

- 南（South）＝"草莓"（根据首字母 S 转化为 Strawberry），或者想象一下南方温暖的阳光。

- 西（West）＝"西瓜"（根据首字母 W 转化为 Watermelon）。

- 北（North）＝"墨西哥玉米片"（根据首字母 N 转化为 Nachos），或者想象一下北方的冰天雪地。

我在实践中经常对"左"和"右"进行联想，所以一定要将它们转化成固定的图像。

具体操作方法

假设你正在度假，向当地人询问值得推荐的餐厅。对方说："有一家餐厅叫作'眩晕奶牛'。你从湖滨大道右转，过 2 个路口到百老汇大街，然后左转，再过 4 个路口，餐厅就会出现在你右手边。"你需要怎样记住路线呢？

第一，把地名转化为图像。充分发挥想象力，把地名转化成尽可能好笑或者荒唐的图像，以便于记忆。

第二，把方向转化为图像，然后为每个街道名称关联一种图像。如果无法快速为街道名称关联图像，可以使用字母图像系统（参见第12节）把街道名称的首字母转化成图像。如果你需要反应时间，可以请指路的人放慢语速或者重复一遍。

第三，完成上述步骤之后，把所有内容串联成一个完整的故事。让我们用开头的例子做一个示范：

> • 有一家餐厅叫作"眩晕奶牛"。想象一下一头眩晕的奶牛正在这家餐厅里横冲直撞。
>
> • 从湖滨大道右转。想象一下你在一个湖里发现了一副"拳击手套"（代表"右"），于是把手套戴在了手上，一路上手套还在滴水。
>
> • 过2个路口到百老汇大街。把百老汇大街想象成一条非常老的大街，而你走到这里之后弯腰"举起"（代表"左"）了这条大街。
>
> • 再过4个路口，餐厅就会出现在你右手边。可以通过简易系统（参见第13节）把数字4转化为拥有4条腿的凳子，想象一下自己坐在一把凳子上"击打"（代表"右"）奶牛。

练习这种技巧的时候要尽可能地用心想象，这样才能让自然记忆更好地发挥作用。有时你可能会发现自己需要依赖联想进行记忆，比如，"我记得'拳击手套'，所以这里应该右转"。有时自然记忆可能会自然而然地发挥作用，比如，"我不记得具体图像了，但我记得应该左转然后走过4个路口"。只要足够专注，记住路线并非难事。

你可以在日常去自己最喜欢的餐厅就餐的途中，练习一下把路线转化为图像，这样当你下次去度假的时候就可以很自然地发挥想象力来记忆旅游路线了。

| 17 | ————————————

记忆密码

在日常生活中，我们会经常用到自己的首选银行卡，因此可以很好地记住它的密码。但你能否记住其他银行卡密码？这短短的几位数字为什么会这么难记呢？本节内容将帮助你通过为自己的储蓄卡或者信用卡创作故事来轻松记忆所有密码。当你今后在拨打客服热线需要提供安全密码，或者购物结账需要输入支付密码的时候，将再也不用为记不起密码而感到尴尬了。

技巧：数字押韵系统

数字押韵系统简称押韵系统，其主要内容在于，根据韵脚把各个数字转化为图像。这样一来就可以把各个数字的关联图像串联成一个故事，以记住数字密码。

银行卡密码较短，通常只有4~6位数字，非常适合应用数字押韵系统进行记忆。这种技巧的关键在于押韵图像要更为简单，串联出的故事要尽可能奇特一点。只有这样才能便于记忆。

具体操作方法

第一，找出自己的银行卡并对应密码。如果你忘记密码，可能需要联络银行进行修改。

第二，为0~9中的数字分别对应韵脚相同的其他字词，然后在大脑中想象有关字词的画面。以下示例仅供参考，你也可以根据自己的情况使用其他字词或图像。需要注意的是，所用字词的关键在于与数字押韵且易于想象。

数字	押韵字词
0（Zero）	英雄（Hero），如想象一下自己最喜欢的超级英雄
1（One）	跑步（Run）、有趣（Fun），如想象一下自己最喜欢的活动或者运动项目
2（Two）	鞋子（Shoe）、咀嚼（Chew），如想象一下自己最喜欢的食物
3（Three）	树（Tree）
4（Four）	门（Door）

数字	押韵字词
5（Five）	蜂巢（Hive）
6（Six）	木棍（Sticks）、蜱虫（Ticks）
7（Seven）	天堂（Heaven）、精灵（Elven）
8（Eight）	虫干鱼饵（Bait）、约会（Date），如想象一下自己最喜欢的人
9（Nine）	尖叉（Tine）、标志（Sign），如想象一下停车标志等

第三，想象一下 这张银行卡的开户银行，把银行的标志性颜色或者地理位置添加到故事中。有关画面需要尽可能有趣且夸张，这样才便于记忆。把这个画面作为故事的第一条线索。

第四，为密码的第一个数字关联特定图像，并将其作为第二条线索。通过 CAST 记忆法（参见第 8 节）为两条线索之间的关联增添细节，据此创作一个有趣且便于记忆的故事。

第五，把密码的其他数字转化为图像，为故事补充后续情节。

第六，回顾整个故事，让细节尽可能丰满一些。比如：

某银行卡密码：5048

我想象着这家银行里我最喜欢的那位女柜员正在去银行工作的路上，但走出家门没多久就遇到一群一直缠着她的蜜蜂（5）。这时，超级英雄（0）突然出现，他身穿用钞票制作而成的服装，帮助女柜员成功通过银行大门（4）进入大堂内。这位女柜员为了感谢超级英雄的帮助，从银行的保险库里取出了一些价值不菲的虫干鱼饵（8）送给了他。

第七，30分钟后检测一下自己是否可以记住藏在故事里的密码。第二天再次回顾一下。

| 18 |

借助基本系统记忆信用卡号码

在前文的学习中，你已经掌握了记忆包含9位字符的护照编号的方法，类似的技巧同样可以用来记忆信用卡号码。在需要记忆多位数字的情况下，有一种方法比简易系统（参见第13节）和MOST记忆法（参见第11节）更加有效，那就是基本系统。大多数记忆运动员都在使用基本系统——通过它，只需几分钟的时间便可以记忆一长串随机字符。

这种系统非常有效，不过需要进行一些额外的准备工作；

但这些准备工作可以有效地提升记忆速度。你也可以在了解大致内容之后再决定是否应用这种系统。对于大多数人来说，其他的数字记忆系统的效果可能会更好。

技巧：基本系统

解释基本系统的相关内容可能看起来比较复杂，但不要被其吓到，实际应用比看起来容易得多。基本系统是一种记忆系统，最早由皮埃尔·赫里贡（Pierre Hérigone）于17世纪早期提出。这种记忆系统把每个数字都转化为一个或多个辅音字母，然后让辅音字母与元音字母（以及 y、w、h 三个字母）相结合，组成全新字词用于记忆数字。

是不是已经看糊涂了？坚持一下，等接触到实质内容后，你就能明白了。

我个人版本的基本系统与其他人的不太一样，不过为了写这本书，我已经进行了一定的简化。坦白而言，这是一个超出普通人日常所需的庞大记忆系统，你可以先通读一遍进行理解。

修订版基本系统详解

数字	字母 / 发音	记忆方法
0	z	z 是英文 Zero 的首字母
1	t 或 d	t 或 d 只有 1 个向下的笔画
2	n	n 有 2 个向下的笔画

数字	字母 / 发音	记忆方法
3	m	m 有 3 个向下的笔画
4	r	r 是英文 Four 的最后一个字母
5	l	L 在罗马数字里代表 50
6	sh 或 ch 的发音	唉（Shucks）或教堂（Church）等单词包含 6 个字母
7	k 或 c 的 [k] 发音	k 的形状看起来像两个对称相连的 7
8	f 或 ph 的 [f] 发音	手写体 f 有两个圆形曲线，看起来像数字 8
9	p 或 b	p 和 b 看起来像翻转后的 9

数字的对应图像

数字	图像
0	动物园（zoo）
1	帽子（hat）
2	母鸡（hen）
3	火腿（ham）
4	头发（hair）
5	鳗鱼（eel）
6	鞋子（shoe）、灰尘（ash）
7	砍（hack）
8	踢（hoof）
9	跳（hop）、馅饼（pie）
10	脚趾（toes）

18

数字	图像
11	蟾蜍（toad）
23	宝藏守护精灵（gnome，重点在于发音）
24	尼禄（nero）、酿酒厂（winery）

基本系统的最佳用途是记忆一长串数字。我们之前提到的记忆方法都是以一个数字为记忆单元的数字系统，而基本系统是一种以双位数字为记忆单元的系统；它具有更强大的功能，让人记忆得更快。但整体而言，基本系统与其他记忆方法的基本原理大致相同。

具体操作方法

第一，熟悉一下基本系统。如果你感觉自己用不到，可以选择学习我们提到过的其他数字记忆系统。

第二，把信用卡号码的每两位数字（或者一位数字）转化为图像。

第三，把各个图像串联成故事。

第四，使用月份记忆系统（参加第14节）记忆有效日期中的月份，并随意挑选另一种数字记忆系统来记忆年份。

第五，把信用卡密码添加到故事中。

第六，把整个故事反复回顾几次，增添细节。

第七，1个小时之后，测试自己能否记得整个故事。把整个故事转化为数字，核对一下自己所记忆的是否与信用卡号码相一致。使用 CAST 记忆法（参见第8节）为故事增添细节，进行修正。以下举一个例子：

万事达信用卡

卡号：5105223577532190

有效日期至：2025 年 11 月

密码：769

51 → 电灯（light）

05 → 硼砂（zala）

22 → 修女（nun）

35 → 邮件（mail）

77 → 蛋糕（cake）

53 → 羊羔（lamb）

21 → 坚果（nut）

90 → 蜜蜂（bees）

11 月 → 感恩节火鸡

2025 年中的 25 → 指甲（nail）

769：76 → 现金（cash）；9 → 馅饼（pie）

串联成故事：我刷信用卡买了一盏"电灯"，插上电后，电灯却不亮。我摇了摇电灯，结果发现里面有一些"硼砂"。一位"修女"愿意替我去"邮寄"退货，离开之前还给了我一块"蛋糕"……

你可以自行补充接下来的故事情节，然后试着把自己的信用卡号码转化为图像并串联成故事。

使用基本系统需要进行一些准备工作。如果你在生活中经常需要回忆信用卡号码或者其他号码，这样的努力还是非常值得的。拿出一张信用卡，通过应用基本系统，感受一下自己取得的进步吧！

| 19 | ——————————

记忆家人说过的话

小孩到了一定年龄会特别喜欢说话。我们的配偶、朋友、兄弟姐妹和父母同样如此。可是，我们怎么可能记得住他们说过的所有话呢？如果我们经常忘记他们说过的话，无外乎两个结果：最好的结果是他们觉得我们记性很差；最差的结果是他们认为我们亲情观念淡薄或者对身边人漠不关心。我们通常会把遗忘归咎于记忆力差，然而真正的原因其实与注意力有关。我们没有集中注意力获取信息，因而妨碍了自然记忆。在无法获取信息的情况下，我们当然记不住对方说的话。接下来介绍的方法可以帮助我们克服这种问题，改善我们与亲朋好友之间的关系。

技巧："然后"法、"嗯"法和"怎样"法

以下3种方法可以让我们的大脑注意到别人对我们说过的话：

（1）"然后"法。在倾听别人说话的时候试着猜一下对方接下来要说什么。

（2）"嗯"法。把注意力集中到对方说话时添加的口头语上，比如"嗯""啊""那么""比方说"等。

（3）"怎样"法。试着问一下自己，"怎样才可以做到第二天也能记住这些内容"，从而想办法集中注意力。

具体操作方法

在挑选某一种方法来记忆他人说话的内容之前，你需要完

成以下3个步骤：

第一，为自己的大脑预留出充分的独处时间，比如通勤、日常散步、锻炼身体或者洗澡的时间等。在这些时段中，你可以让自己随意畅想，或者思考自己的事情。但是与家人或者朋友共处的时候，就不要再让大脑胡思乱想，从而分散注意力了。

第二，如果你需要一点时间来琢磨或者记住某件事情，就大大方方地说出来，让对方给你一点时间。之后就放下自己脑子里的事情，把注意力完全集中在对方身上。

第三，不要过于在意自己应该做出怎样的回应、自己想给对方讲述的类似事情，也不要急于发表个人看法，安安静静地倾听就好。

"然后"法

你可以在倾听的时候默默地问一下自己，对方接下来会说什么，或者对方讲述的事情可能会有怎样的发展。你也可以试着猜想一下对方形容这件事情的时候会采用哪些字词，或者这件事情有可能怎样收尾。这种帮助我们集中注意力的方法，可以对我们与生俱来的倾听能力起到锻炼作用。

这里需要注意的是，不要沉浸在自己的猜想中。如果没有猜中的话，你可以适当地表达一下震惊，猜中了就可以为自己骄傲一下。

"嗯"法

集中注意力去听对方讲话时常用的口头语，比如"嗯""啊""那么""比方说"等。

在不影响倾听与讨论的情况下，大致数一数对方使用各类口头语的次数。这里需要注意，不要指出对方使用口头语的情况或者频率，因为这样做很不礼貌。

"怎样"法

当对方正在告诉你一件对于他来说很重要的事情时，默默地问一下自己："怎样才可以做到第二天也能记住这些内容。"

同样，你也可以自问一下，如果换作自己会怎样向其他人讲述这件事情。这种方法可以帮助大脑集中注意力。

这种记忆技巧也是练习次数越多，效果就越好。

以上3种方法在初期可以有效地帮助大脑集中注意力，但一段时间之后，你会发现自己不再需要它们了。因为这个时候，你的倾听能力和自然记忆都已经得到了有效提高，可以自然而然地记住对方告诉你的事情。

| 20 |

记忆他人的个人信息

　　我曾经问过一个朋友，她是通过怎样的方法把餐厅经营得如此成功的。朋友告诉我，她会认真倾听每一位顾客说过的话，然后努力记住对方的生活中正在发生的事情。当顾客再次光顾的时候，她就很自然地想起对方曾说过的话，然后询问对方的母亲最近怎么样了、有没有找到之前丢失的猫，或者其他个人信息。顾客感受到了关怀，自然就愿意频繁光顾这家餐厅。你可以通过更好地记忆对方生活中的细节或者正在做的事情来表达关怀之情。

技巧：关怀记忆法

　　在记忆他人的生活细节方面，关怀记忆法是一种简单又有效的方法。这种方法可以自然而然地打造出"世界级别的金牌倾听冠军"。接下来介绍的步骤可以帮助你的自然记忆锁定对方说过的重要内容，让你以后更容易回忆起来。

整个过程需要以对话作为开端，而你需要根据自己对对话者的了解向他提出一个问题。比如：

- "你最近发生了什么新鲜事吗？"
- "你最近做过什么有意思的事情吗？"
- "你最近在忙些什么？"
- "今天 / 这个周末 / 这个夏天过得怎么样？"
- "有什么不错的书、电影、音乐、餐厅可以推荐吗？"

当他做出回应的时候，你就可以开始给予"关怀"。其大致步骤包括：

（1）认真倾听（Commit）。

（2）集中注意力（Pay Attention）。

（3）重复（Repeat）。

（4）想象（Envision）。

具体操作方法

第一，认真倾听。有时候我们没有把注意力放在与对方的交谈中，这可能是因为我们当时在考虑自己应该做出怎样的回应，或者在交谈的过程中走神了。如果出现这种情况，我们极大可能没有把对方当作自己很重要的人。从现在开始请做到。与他人进行交谈的第一步就是认真倾听，让自己成为世界上最好的倾听者。

第二，集中注意力。不要只听对方表面在说的那些话，要留意这些话背后的情感状态与真实想法。你可以不断问自己问题，以集中注意力，比如，"他对这件事有怎样的感受""他有没有漏掉一些内容没有说出来"，或者其他有助于集中注意力的问题。放下任何想要发表观点或者与对方分享其他故事的念头，把注意力完全集中到对方所说的内容上。

第三，重复。还记得上学时做笔记的情况吗？我们把一些很重要的关键词记在笔记本上，过后就可以通过这些关键词想起老师讲过的其他内容。这个步骤与之类似，即提取对方所说的关键内容，适时重复一下。比如，"后来我的狗生病了，我必须带它去看兽医"，或者，"不是吧，你的狗生病了"。重复可以让大脑把这件事情当作重要信息进行处理，而经过反复强调的事情会自动上升到更重要的级别。这样一来，我们就可以更好地记住这件事情了。

第四，想象。提取关键词之后，把这些关键词转化为夸张的图像，比如，想象一下对方养的狗生病的样子。虽然你可能从没见过这只狗，但仍然可以想象一下对方非常关切地抱住爱犬的样子。为画面增添情感因素同样有助于留下深刻印象。你还可以想象其他场景，比如，"嗯，我儿子拿到了空手道蓝带，所以我们上周去了那里"，你需重复关键词"哇，蓝带？"，同时想象一条空手道蓝带。你可以让画面更为夸张一些，比如，上空手道课的孩子们正在用一条全新的蓝带跳大绳。

只要稍加练习，通过以上4种方法就可以培养你的第二天性。关怀记忆法可以帮助你更好地记住别人说过的话，当你们再次见面的时候，大脑会自动为你调取出有关画面。这时你就可以问对方："记得上次你说你的狗生病了。现在情况怎么样了？"或者你可以问："你儿子的空手道学得怎么样了？"这样一来，你就可以通过更好地记忆他人生活中的细节来表达关怀之情。

| 21 |

记忆他人的生日

你可能会觉得，现在的社交媒体这么发达，人们不需要通过大脑来记忆一些生日、纪念日或者其他重要日期。然而，事实并非如此。你在收到提醒或者看到对方发布在社交媒体上的信息之前就记得他的生日，可以让对方感觉自己受到了特别的关注。但是，如果对方没有在社交媒体或者个人资料中注明自己的生日，那该怎么办呢？记住对方的特别日期，会让对方感觉自己对你来说很重要，同时也可以帮助你树立起友善的个人形象。

技巧：联合记忆系统

联合记忆系统结合了我们之前提到的几种对日期进行具象化的方法，使用起来非常简单。你可以通过月份记忆系统（参见第14节）来记忆月份，当然，你也可以从自己喜欢的数字记忆系统之中挑选一种来记忆日期，比如，MOST 记忆法（参见第11节）、简易系统（参见第13节）、基本系统（参见第18节）、数字押韵系统（参见第17节）。最后，再通过故事记忆法（参见第15节）把所有内容串联成故事进行记忆。

该系统的优点在于你可以在轻松的状态下使用它。选出几个人的生日进行练习，尽量让自己放松一些，然后把注意力主要集中在生日月份上。只要我们能够记得对方生日的月份，对他说一句"嘿，你的生日不是这个月吗"，就可以给对方一种很舒服的感觉。

具体操作方法

第一，挑选3个你想记住对方生日的人。

第二，询问对方他们的生日是几月几日，或者查看他们的社交媒体资料以及自己标记过的旧日历。

第三，选出一个人进行练习，在大脑中想象与对方有关的图像。留意一下眼前浮现的图像，以及自己可以马上想到的对方的哪些具体特征。

第四，想一想对方的生日月份，通过自己的经验或者月份记忆系统对月份进行联想，生成图像。

第五，通过一种具有创意且较为夸张的方式把对方的个人图像与他的生日月份图像关联起来，串联成故事。

第六，记忆生日日期。自行挑选一种数字记忆系统，把具体日期转化为图像。

第七，把日期图像添加到故事情节中。

第八，重新梳理一下整个故事，其中应该包含对方的个人图像、生日月份图像和生日日期图像。为整个故事增添一些夸张的细节，以便于记忆。

第九，继续对其他人的个人特征和生日信息进行转化与关联。尽量把整个故事编得有趣、奇特一些。

让我们以记忆亚伯拉罕·林肯（美国第十六任总统）的生日——2月12日为例：

想象一下林肯的个人形象。

记忆林肯的生日月份。情人节在2月，而2月会让我们联想到丘比特和爱。

将林肯的个人形象与他的生日月份关联起来。现在，想象一下不苟言笑、蓄着胡须、戴着高礼帽的林肯正在扮演丘比特，用一把小弓射出带有爱心形状箭头的箭。画面是不是有点儿诡异？要知道，林肯在人们心目中一直是一个很严肃的人。

记忆林肯的生日日期。数字"12"可以转化为一根蜡烛（1）和一双鞋子（2）。那么，我们可以为林肯扮演丘比特的画面添加一些细节。想象一下他穿的鞋子上面各有一支点燃的蜡烛，而他正在借助蜡烛的光亮四处走动来寻找合适的人选，以帮助他们坠入爱河。你也可以通过基本系统对数字"12"进行转化：数字"1"转化成字母"t"，数字"2"转化成字母"n"，然后通过结合二者可以组成单词"tine"（尖叉）。接下来你可以想象一下，扮成丘比特的林肯发明了一种新型弓箭，他把爱心形状放到了箭尾，将箭头改成了尖齿状。另外，数字"12"刚好是一打，我们也可以把一打鸡蛋添加到故事情节中。

充分发挥你的想象力，为林肯创作一个有趣的故事。然后使用同样的方法记忆一下你朋友的生日，感动他们。

22

通过游戏学习生僻词汇

在很多单词游戏中，尤其是涉及那些由两三个字母组成或者开头为"X"的英文单词的游戏，冠军通常是那些能够记得住生僻词汇的玩家。本节介绍的技巧可以帮助你在游戏中取胜。如果你本来就是单词游戏的高手，那么这里的技巧同样可以让你如虎添翼；如果你的对手是单词记忆方面的高手，那么这里的技巧可以提升你的竞争力，帮助你打败对手。

技巧：字母图像系统与故事

这里的技巧旨在帮助你记住一些生僻词汇，这样你就可以通过字母认出它们来了。不过，因为记忆的过程与单词的具体含义关系不大，所以以下技巧不适用于应对词汇测试。选出一些生僻词汇，使用字母图像系统（参见第12节）把这些单词转化为便于记忆的图像。这样一来，游戏冠军非你莫属。让我们以市面上比较流行的拼字游戏为例：

单词	字母图像 / 故事
Aa	一只蚂蚁（Ant）爬过一个苹果（apple）
Ab	一只蚂蚁（Ant）爬过一个香蕉（banana）
Ae	一只蚂蚁（Ant）吓跑了一头大象（elephant）
Ba	一个香蕉（Banana）对蚂蚁（ant）发起了进攻
Da	一只狗（Dog）在追赶一只蚂蚁（ant）
Ef	一头大象（Elephant）扔出了一只青蛙（frog）
Gi	一个巨人（Giant）的头顶上有一只鬣蜥（iguana）
Xeric	一台木琴（Xylophone）被安置在一头大象（elephant）的背上，一只老鼠（rat）正在一边用一只爪子弹木琴，一边用另一只爪子喂鬣蜥（iguana）吃蛋糕（cake）
Xerus	一台木琴（Xylophone）被安置在一头大象（elephant）的背上，一只老鼠（rat）正在把一只海胆（urchin）当作木槌敲击木琴，但不小心砸烂了木琴上摆着的草莓（strawberries）
Xi	木琴（Xylophone）上有一个融化了的冰淇淋（ice cream）
Xis	木琴（Xylophone）上有一个融化了的冰淇淋（ice cream），一只蜗牛（snail）正在吃木琴上沾得到处都是的冰淇淋
Xu	木琴（Xylophone）上方有一把雨伞（umbrella）
Xyst	木琴（Xylophone）上涂满了酸奶（yogurt）和草莓块（strawberry chunks），一只火鸡（turkey）正在琴键上吃这些东西
Xysts	Xyst 的复数形式，意味着可以想象两幅 Xyst 的画面

具体操作方法

第一，选出自己最喜欢的单词游戏，然后从网络或者有关书籍中找到这个游戏根据字母顺序或者字母数量排序的可玩单词列表。把这个单词列表作为素材，创建自己的记忆列表。

第二，挑选出自己想记住的单词。参考上述示例，使用字母图像系统把每个单词转化为便于记忆的故事。接下来，把每个故事图像与游戏本身关联起来。你也可以发挥一下创意，把每个故事图像与游戏现场的物品（比如所使用的桌子、棋盘）关联起来，将所有图像放入你玩游戏的空间。

第三，为自己最喜欢的单词游戏留出半小时的时间，尽量多记忆一些单词。当你下次参与游戏的时候，一看到字母"X"就会回想起自己创作的那些小故事，然后对照一下自己手里都有哪些相应的字母。这样一来，你就可以在游戏中取得突出的表现。

| 23 |

提醒自己需要记住一些事情

在改善记忆力的过程中，我们难免会遇到这种情况：想记住一些事情，但由于当时太忙、太困、太不集中注意力，或者身体不舒服而无法集中精神，或者因正在讨论事情、打电话而手边没有纸和笔记录一下，于是就忘记了。在这些情况下，我们需要事后提醒自己记住这件事情。当出现这些情况时，有一些思维技巧可以帮助我们缓解因担心自己忘记事情带来的心理压力。以下技巧简单实用，可以用来应对突发情形。

技巧：障碍记忆法

在过去，人们曾经把绳子或者纱线绑在手指上，作为自我提示的工具。虽然如今很少有人使用这种方法，但我们同样可以使用其他类似的方法来提醒自己记住某件事情，而障碍记忆法就是其中的一种。这种记忆法的原理很简单：把某样东西作为障碍物放在一个自己可以注意到的位置，以提示自己想起某件事情。比如，在某个位置摆上障碍物来提醒自己出门上班之前要记得某件事情。另外，你也可以改变一下常见物品的朝向，让自己能够注意到物品所发生的变化。这样一来，当你看到这件物品时就会想起某件重要的事情。

这是一种非常简单、实用的记忆法，在晚上尤其有效。晚上我们通常会很困，但仍需在这个时候记得明天早上要做的重要事情。前一晚做好准备可以在第二天起到较好地提示作用。

具体操作方法

第一，当你需要提醒自己记住某件重要事情的时候，比如第二天出门上班要记得带午餐，那么可以把一件物品放在第二天肯定看得到的显眼位置，或者改变一下某件物品的朝向。

第二，当你第二天看到这件物品的时候，马上去做相应的事情。比如，对于需要带午餐的情况，你应该一看到这件物品就马上把自己的午餐从冰箱里拿出来。

这种方法听起来很简单，不过你仍然需要注意以下几个要点：

• 不要把用于提醒的物品放到自己看不到的地方。摆放位置至关重要，必须非常显眼且容易引起注意。比如，你千万不要这样想："我要记得明天带备用钥匙，那我把它放进冰箱里，明天肯定能记得。"明天你可能确实记得要带上钥匙，但最后却忘记钥匙放在了哪里，到处都找不到。因为在这种情况下，钥匙和冰箱之间并不存在关联。这是一个真实的故事，不过故事的主角不是我本人。

• 如果采用改变物品朝向的方法，那么这种变化必须非常显眼。如果你试图把冰箱上的冰箱贴倒置过来，用于提醒自己第二天上班的时候带上昨天吃剩的辣椒酱，那么同样很容易出现失误。因为你可能根本不会注意到这种变化。你可以把餐厅里的椅子倒置过来，或者把椅子放在餐桌上，再或者把椅子倒置放在餐桌上。

• 不要把鞋子、书本或者水杯放在那种你晚上起夜或者第二天起床容易被绊倒的位置。因为就算你在救

23

护车里能想起某件事情，似乎也没什么用了。

以下情景示例可供参考：

示例一

你正准备出门散步，希望自己在回来的时候能记得把衣服从洗衣机里拿出来，放到烘干机里。你可以在出门的时候把门垫拿起来顶在门上，这样当你回家准备开门的时候就会注意到门垫，进而想起自己需要做的事情。做好准备工作，自然记忆会自动帮你完成其他部分的内容。

示例二

当你打算躺下来睡觉的时候，突然想起第二天早上需要记得带上餐盒。这种情况下，不要用笔和纸写便条或者使用其他记忆技巧。你可以把一只袜子放在卫生间地板中央的显眼位置，也可以把它放在洗手盆或者浴缸里。第二天早上，看到这只袜子出现在不该出现的位置的同时，你就可以自然而然地想起自己需要记住的事情。如果手边没有袜子，或者你的袜子经常出现在我们刚刚提到的这些位置，那么你可以用其他东西代替。

这种技巧与我们提过的其他技巧类似，关键在于通过特殊的提示来帮助大脑回忆。

| 24 | ————————————

日常轻松改善记忆力的方法

这部分内容将为你介绍几种可以在日常生活中轻松改善记忆力的方法。最重要的是，这些方法都非常有趣。你可以在日常通勤、散步或者其他外出的时间里练习一下。如果你想帮助自己的小孩或者其他家庭成员改善记忆力，同样可以采用这些方法。

技巧：记忆游戏

每天玩记忆游戏，可以在日常生活中起到改善记忆力的作用。你可以自己一个人玩，也可以与家庭成员一起玩。以下内容将介绍 3 种记忆游戏，这些游戏可以帮助你练习一下前文所提到的记忆技巧。

具体操作方法

游戏1:《视觉大发现》[1]

有个小游戏叫作《视觉大发现》。考验记忆力的这个版本的游戏可以在上学、放学、逛街或者去购物的路上随时进行。首先,你可以这样提问:"从这里到目的地的路上,都有哪些主要的餐厅(商店、标识、建筑物或者其他显眼的物体)?"

这时你就可以在脑海中为自己呈现整条路线周围的场景,然后说出第一家餐厅,并且继续进行回忆。比如,你可以说:"第一家餐厅是布拉德餐厅,在路右边。下一个是哪家餐厅呢?"你也可以针对道路标识的颜色、各类物体的位置、商店橱窗里摆放的商品或者其他任何你能想到的东西,向自己或者身边的人进行提问。这个游戏非常适合用于练习"记忆宫殿"(参见第35节)。你可以把任何旅程的路线想象成一座填满各类信息的宫殿。

游戏2:《特工逃脱》

这个游戏非常适合在中等距离路程或者日常往返路程中进行。对于这个游戏,玩家主要是通过字母图像系统(参见第12节)来记忆行驶过程中周围车辆的车牌号码。这里的窍门在于

---

[1] 《视觉大发现》在欧美国家是一种家喻户晓的小游戏。玩法:一名玩家预先在心里锁定所有玩家共同视野里的某件物品,然后通过提示让其他玩家猜出自己想的那件东西是什么。——译者注

把车牌号码与汽车的颜色、型号或者车型关联起来。

你可以把自己想象成一名特工，需要时刻提防，以免遭到恶意跟踪。所以你会对周围的特定车辆进行辨别，看看是否有车辆在一直跟着自己，是否有某个车牌号码的特定车辆总是会在同一条路上每天出现。一旦你记住了车牌号码，就可以快速进行识别。

游戏3：翻牌游戏

这也是一款家喻户晓的热门游戏，有助于提高注意力和记忆力水平。游戏玩法：拿出一副有52张纸牌的标准扑克牌，让其背面朝上依次排开，玩家轮流翻转2张纸牌，若找到可以配对的纸牌（比如两张K）就把牌拿走，最后手中纸牌数量最多的玩家获胜。

这里我们可以借助记忆系统在游戏中取胜。首先，在大脑中为所有纸牌的行、列进行编号。接下来，如果翻出的纸牌无法匹配成对，就在大脑中为自己呈现出纸牌的行、列和牌面图像。比如，你可以把国王的形象作为纸牌K的图像。如果翻到纸牌8，就通过简易系统（参见第13节）想象出一只章鱼，或者通过数字押韵系统（参见第17节）进行转化。这个游戏十分有趣，而且非常适合用来练习或者完善你的数字记忆系统。游戏本身存在一个小小的学习曲线，一旦你能够熟练地把不同纸牌串联起来进行记忆，就可以像魔术师那样准确地找到纸牌的所在位置。

小贴士：对当天进行回顾

　　对当天的生活内容进行回顾有助于记忆重要内容。我们可以通过这种方法反馈给自己的大脑，哪些内容是需要记住的重要信息。每天花一点时间进行回顾，可以帮助自己和家人记住当天的重要内容。如果你的孩子在某一类课程的学习中存在障碍，那么你可以问问他当天课堂上都讲了哪些东西。请记住，不要接受"没讲什么特别的东西"之类的回答。在必要的情况下，你可以让孩子把家庭作业或者课本拿出来进行回顾。只需几个简单的问题就可以帮助孩子在学习过程中获得不同的学习效果。回顾可以帮助孩子的大脑学会对重要的记忆素材进行识别，而不是一味地逃避。

| 25 |

提升短时记忆力

　　我之所以开始有意识地改善记忆力，是因为过去我经常会在走进一个房间后忘了自己要干什么。这种现象吓到我了。我开始反思，为什么我的记性会差到这种程度呢？

这种现象与短时记忆障碍有关，很多人都会频繁遭遇类似问题的困扰。你是否会转眼就忘了同事请你帮忙做的事情？是否曾经给自己的爱人倒了一杯水，转眼却忘记把水杯拿到对方面前？本节介绍的123记忆法可以帮助你有效克服短时记忆方面的问题。

技巧：123记忆法

设想一下，你正在和自己的宠物狗在户外玩耍，结果一只松鼠引起它的注意，转移了它的注意力。然后，它似乎在自己的大脑中喊了一声"松鼠！"，然后就跑开了。我认为，当我们的大脑出现短时记忆障碍时，所发生的情况与出现在这只狗身上的别无二致。我们正在开开心心地做着自己的事情，结果很容易就被另一件事情转移了注意力。除此之外可能还有第二件事情，甚至第三件事情。在工作中，如果我们手头有任务要做，而注意力却受到了分散，那么任务就无法完成 —— 我们的大脑就如同刚提到的那只狗的大脑。这里介绍的123记忆法将教会你使用一种简单的呼吸方法，让你把注意力集中到手头的事情上，从而克服短时记忆障碍。

在练习使用这种方法的初期阶段，你可能会感到自己的专注力很差。不过只要坚持练习，你的专注力就可以得到提升。123记忆法能帮助我们有效地避免注意力分散，进而促使自然记忆正常发挥作用。

具体操作方法

准备一个具有计时功能的设备，然后按照以下步骤操作：

第一，坐直身体，双脚放在地板上。你可以选择坐在凳子、餐椅，或者办公椅上，但不要选择那些过于舒适的沙发或者躺椅。

第二，拿出计时设备，计时1分钟。

第三，从自己所处的环境中挑选一种声音，比如风扇、空调或电冰箱运转发出的声音，或者是车流声，也可以是小鸟发出的声音。当然，比较安静且不会让人分心的纯音乐也是不错的选择。

第四，闭上眼，用鼻子呼吸3次，与此同时把注意力放在自己挑选的声音上。每次呼吸结束时分别在心里默数1，2，3。

第五，完成倾听声音的3次呼吸之后，把注意力转移到自己的呼吸动作上，再进行3次呼吸。每次呼吸结束时同样在心里默数1，2，3。

第六，再次把注意力放回到自己挑选的声音上，呼吸3次。

第七，如此反复，让注意力在声音与呼吸动作之间来回转换，每次持续3次呼吸，直到计时结束。

感觉怎么样？有没有出现走神的情况？有没有出现在练习过程中忘记注意力应该集中在哪里或者忘记计数的情况？有没

有出现困倦或者压力水平上升的情况？这些都是很常见的问题，我们练习这种技巧的目的恰恰就在于克服这些问题。如果以上练习对你来说不是很难，那么你可以试一下计时2分钟、5分钟或者10分钟。每天至少练习1次，每次持续时长至少5分钟，几天之后你就会发现自己的专注力水平显著提升。

25

第二部分

学习与个人成长

　　无论我们是否仍然在校，都应坚持学习，因为学习是人生中很重要的一部分内容。在年龄持续增长的情况下仍然持续进行学习，是保持头脑健康的颇佳的方法之一。本章内容将与你分享更多有关学习方面的基本工具和技巧。即使你对有关内容（比如细胞有丝分裂或者圆周率的前30位数字）完全不感兴趣，也请耐心阅读一下有关记忆技巧方面的内容，因为练习使用这些技巧有助于提升记忆力水平。你可能会惊喜地发现，接下来的学习与训练非常令人愉悦，而且可以感受到自己有明显的进步。

| 26 | ————————————————————

激发动力协助记忆

在生活中，我们有时候不得不去学习自己没什么兴趣的东西。然而在有客观需求与主观学习欲望的情况下，我们才能取得最佳学习效果。勉强学习并记忆一些自己不感兴趣的内容，往往会使我们感到非常痛苦，与此同时学习也变得越来越艰难。另外，如果我们想学习一些对自己来说缺乏必要性的内容（比如想学法语，但目前并没有去法国旅行的计划），那么这种情况可能远远不及自己因急需而学习（如一个月后要去巴黎）所能取得的成果。不过，我们仍然可以通过一些技巧激发自己的学习动力，让大脑自然而然地记住一些内容。

技巧：鱼叉记忆法（SPEAR）

想象一下用鱼叉捕鱼，但这次要捕捉的"鱼"，是我们自身的动力。以下方法可以帮助你产生学习动力，与此同时提升你的记忆力水平：

26

（1）获取支持与帮助（Support）。

（2）惩罚性措施（Punitive measures）。

（3）设想有关场景（Envision）。

（4）强调好处（Advantages）。

（5）奖励自己（Rewards）。

在大多数情况下，选用上述内容提及的一两种方法就足以激发我们的学习动力。接下来，你需要做的就是通过尝试找出具体哪些方法对自己来说效果最好。

具体操作方法

获取支持与帮助

找一位同样缺乏动力的朋友，两个人一起学习，并互相帮助。

第一，在学习开始之前与结束之后，通过打电话或发信息沟通。比如，你可以告诉他："接下来我要集中精力学习1个小时，1个小时之后我会再给你发信息的。"以此督促自己认真投入学习。

第二，相互支持，在必要的情况下彼此相互鼓励和帮助。

惩罚性措施

这里我建议在出现极端情况后再使用这种方法。

第一，确认一下自己是否确实需要动力来完成一些小事（比如，做家庭作业或者试卷），或者完成比较重大的事项（比如，准备考试或者努力取得好成绩）。

第二，选择一笔对自己来说丢掉会心疼的金钱数额。对于需要完成若干件小事的情况，每件小事的关联金额都应该让自己感到心疼，而放弃它们的总金额会让自己感到非常痛苦。

第三，找到一位无论发生什么情况都愿意无条件支持你的朋友。

第四，把钱放到一个信封里，然后填写一个你不喜欢的机构或者社会组织（最好是你一分钱都不愿意给他们的那种）的邮寄地址。

第五，把信封交给这位朋友，并且告诉对方，如果你没有完成预定的任务（比如，完成特定量的学习，或者取得特定成绩），那么无论你有怎样的借口或者理由，无论你有多痛苦，都要把这封信寄出去。

第六，每当你不想学习、缺乏动力的时候，就想想自己可能会损失的那笔钱。你会吃惊地发现，自己马上就能找回无穷的学习动力。

第七，无论如何都要把整个计划严格贯彻到底：要么好好做事，要么就跟那笔钱告别。

设想有关场景

这种方法相对较为温和，对于极端情形来说效果有限。

第一，设定一个5分钟的闹钟。在这个时间里，你可以想象一下自己通过考试或者取得好成绩之后的心情；还可以想象一下，你实现目标之后与朋友击掌庆祝、开心地跳舞，或者家人为你感到非常骄傲的场景。切实感受那种自豪感与解脱感。就算你没有那么在意这件事，也要为设想出的场景尽可能多添加一些细节和积极情绪。

第二，每当你感到自己在拖延或者不想努力的时候，就重温一遍设想中的场景。这些场景可以激励你重新投入到手头的任务之中。

强调好处

如果相比感性，你更倾向于理性，那么这个方法会更适合你。

第一，列出完成学习任务的好处。把自己能想到的好处都写下来，即使微不足道也要包含在内。

第二，列出不能完成学习任务的坏处。仔细想一想，不去学习会给自己带来怎样的痛苦和麻烦。

第三，每当你缺乏动力的时候就回顾一下上述两条——让你认识到即使不想学也得学。

奖励自己

这里的奖励应该即时生效，不要选择那种几天、几周或者几个月后才能获得的奖励。

第一，选择一种自己喜欢的零食，比如巧克力豆、杏仁或者薯片。你也可以准备一个装满零钱的罐子，或者一个铃铛。把选好的奖品放到自己拿不到的地方。

第二，选出一部分特定任务，比如，阅读指定材料或者做作业。每次前进一小步，就给自己一点奖励。比如，把需要阅读的书本拿出来，就奖励自己吃一颗巧克力豆；读完第一页，再奖励自己吃一颗；读完第二页，就再吃一颗。你也可以按照上述示例从零钱罐中取出零钱，或者为自己摇铃作为奖励。

第三，你的大脑会迅速地把学习行为与上述即时奖励关联起来，为了获得奖励，你将开始渴望学习。需要注意的是，在没有开始学习的情况下不要给自己提供任何奖励。

你可能不敢相信，你其实拥有非常优秀的记忆力，可以记住很多日常的事情。你可以采用鱼叉记忆法中的一些内容来激励自己学习或者着手其他工作，而当你获得动力之后，自然记忆也可以更好地发挥作用。

26

| 27 | ————————————————————

通过最优学习策略最大限度提升记忆力

良好的学习习惯可以帮助我们的自然记忆发挥作用。你是会日常持续学习，还是会在考试之前把教材上的内容死记硬背塞进脑子里呢？你对于每个学科或者考试是否怀有明确目标呢？你是否在持续进行大脑与身体方面的锻炼，让自己处于最佳学习状态呢？

本节内容将与你分享一些良好的学习习惯，这些习惯有助于提升动力与专注力水平，改进工作与学习方法，使你的记忆力可以最大限度地发挥作用。

技巧：纠正学习习惯

能够最大限度提升记忆力水平的学习策略主要涉及以下内容：动力、专注、激励、减压、睡眠等。首先，请尝试回答以下问题：

• 在目前的学习中,我有哪些学习动力?

• 在某个学科或某个学习阶段中,我可以保持专注多久?(了解自己的专注时间对于取得良好的学习效果至关重要。专注时间可能会根据学习内容的不同有所差别。)

• 日常生活中我是否在通过合理膳食为自己的大脑提供能量?(在学习之前暴饮暴食、吃得不够或者食用不健康的食物都会影响学习效果。)

• 目前我具有怎样的压力水平?(明确自己可以通过怎样的方法迅速降低压力水平。)

• 目前我具有怎样的睡眠计划?(大脑需要在睡眠过程中巩固记忆。)

27

具体操作方法

第一,找到自己的学习动力。由于学科和个人兴趣程度方面的差别,动力可能会有所不同。你可以通过鱼叉记忆法(参见第26节)来激励自己,从而产生学习动力。

第二,根据自己的专注时间来制订学习计划。这里推荐集中精力学习20分钟,休息5分钟的方法。我很喜欢这句名言:"工作是永远做不完的。"当学习时间太长时,我们通常会调整自己的学习节奏来填补时间。在这种情况下,学习效率也会随之降低。不妨测试一下自己在20分钟内可以学完多少内容。20分钟内要做到绝对专注，而20分钟过后可以休息5分钟。千万不要一心多用，也不要让电视、收音机、音乐、文本或者任何形式的干扰因素来影响你学习。这种学习方法看起来可能会有点无聊，但可以很好地帮助我们提升记忆力水平。

第三，合理膳食。食用碳水化合物含量较低的营养食品为身体补充能量，并在学习之前给自己留出足够的时间消化食物。

第四，压力是妨碍学习的巨大障碍，而适当的锻炼可以降低压力水平。你应该选择适合自己身体健康条件的锻炼类型，比如瑜伽、冥想或者其他有益于健康的活动。

第五，良好的睡眠可以帮助大脑巩固记忆。学习之后小睡一会儿可以让你更好地记忆所学到的内容。另外，夜间补充足够的睡眠对于巩固记忆来说至关重要。如果你无法做到每晚获取7~9个小时（或者个人所需的其他时长）的睡眠时间，可以试一下提前30分钟上床睡觉。坚持一周之后，看看自己记忆信息的能力是否得到了提高。

同时，你应该做到有目的地学习。以上步骤可以帮助你有效地进行学习，并且可以帮助你在关键时刻回忆起自己所学过的内容。

28

更好地记住自己阅读过的内容

　　无法回忆起自己阅读过的内容会令人感到非常沮丧。为什么记住这些内容会那么难呢？这个问题的答案在一定程度上与专注力水平有关。我们多久才能做到一次在安静的环境中笔直地坐好，时间充沛且毫不受干扰地阅读一本书呢？无论你读的是一本激动人心的小说，还是一本枯燥乏味的教科书，本节内容都可以帮助你更好地记住自己阅读过的内容。

技巧：FIT 记忆法

　　FIT 学习法主要包括以下 3 个部分内容：

　　（1）专注（Focus）。

　　（2）讲解（Instruct）。

　　（3）时间管理（Time management）。

首先，你需要采取相应措施来确保自己在阅读过程中集中注意力。自然记忆已经时刻做好准备来记忆大脑所读到的内容，你需要做的就是帮助自然记忆消除干扰因素。其次，练习为他人讲解自己所读到的内容。讲解过程可以帮助大脑追溯刚刚学过的内容，以更好地记忆有关信息。最后，学会更好地管理时间，复习自己所学到的内容，让大脑意识到这些信息非常重要。

具体操作方法

第一，专注。关闭所有电子设备，除非播放纯音乐可以为你有效地屏蔽具有干扰作用的噪声；不要一心多用；设定好闹钟，让自己在不用留意时间的情况下投入阅读中。至少找到两个理由来说服自己，目前阅读这本书是最重要的事情。

第二，讲解。怀着为他人讲解有关内容的意愿进行阅读。你可以在阅读过程中标注一下重要段落，通过做笔记来强化记忆，以便下一步更清晰地为他人讲解。当阅读量达到一定，或读完某一页或者某一章节的时候适时暂停，把身边的椅子、宠物或者朋友当作学生，把自己当成老师，为"学生"讲解自己读到的内容。讲解的时候要切实发出声音，这样才能有助于记忆。讲解过程中尽量少查看笔记。如果确实需要查看，那就暂停一下先读给自己听，然后再将目光转回到面前的"学生"身上，根据记忆为对方讲解内容。要注意，这个时候不要看着笔记去读。这种方法可以帮助你进行有效的回忆，进而记住自己所读过的内容。如果只是看着自己的笔记或者标注的段落进行阅读，则无法达到相同的效果。

第三，时间管理。不要把全部时间都花在阅读上。另外，也不要把全部时间都花在为他人讲解上。你应该多为自己留出时间，多复习一下每一页或者每一章节所提到的内容要点。稍微看一眼自己的笔记或者书本上的内容，然后闭上眼，在心里默默回顾一下其中所包含的细节。除去阅读与讲解，这个复习环节可以成为你针对重要内容与概念的第三轮复习。这样一来，我们的自然记忆就会突出信息重点，把注意力集中在最重要的内容上。

| 29 | ——————————————————————————

记忆整本书的内容

想象一下自己可以回忆起整本教科书或者其他书籍的内容。对此，你是不是感觉很不可思议？其实我们完全有可能做到这一点。你能记住整部电影的内容，可为什么记不住一本书的内容呢？电影和书之间又有怎样的差别？电影采用了动态效果，而且通常比较有趣；相比之下，大多数教科书都比较死板无聊。接下来，我们将通过特定的方法让教科书也变得更吸引人且易于想象，让你闭上眼就可以看到书中的任何主要或次要内容。那么，掌握这种方法是否需要付出时间与努力呢？答案自然是肯定的。不过，这种方法与一般意义上的学习截然不同。它可以更好地发挥你的创造力，而且更为有趣。根据我个人的经验，通过这种方法进行学习会比传统意义上的做笔记更加省时，而且它可以起到较好的短时记忆与长期记忆效果。

技巧：思维导图

很多人可能都听说过思维导图，但是很少有人进行过切身尝试。利用思维导图，我们可以通过把文字、概念，以及其他各类内容转化为图像进行记忆。我们的大脑喜欢图像，而且可以很容易地记忆图像。当我们把书中各个章节的主要内容转化为图像后，大脑就可以把其中所包含的信息概况进行具象化。滑铁卢大学研究团队所做的一项研究表明，画画比书写更有益于记忆信息。

即使你不擅长画画也不用担心，思维导图没有要求你具有艺术表达方面的能力，它是一种更倾向于通过色彩、图形和连接线来辅助记忆的技巧。

具体操作方法

第一，选出自己想记住内容的一本书或者书中的某个章节进行练习。拿出一大张纸，横向铺开（长边置于上下两侧，短边置于左右两侧），然后在纸张中央写下这本书的标题。不要使用相关的电脑程序或者手机应用程序，用纸和笔亲手绘制的效果最好。用笔画出图形，然后添加线条、方框与圆圈，这一过程对于思维导图的记忆效果来说至关重要。

第二，使用不同的色彩、线条和图形，把各部分主要内容（通常为各个章节的标题）与整本书的标题连接起来。把各部分主要内容通过导图表示出来，即使只是粗略的简笔画也完全没有问题。接下来，为整幅导图添加你希望记住的所有要点。如果整本书所包含的细节比较多，也可以为各个章节分别画一幅思维导图。

第三，完成之后，回顾一下整幅导图。当你进行回顾复习的时候，需要着重记忆一下各部分内容之间的关系、各类图形和各条连接线的有关细节。你可以测试一下自己的记忆效果，闭上眼睛回忆一下各部分内容都处在图中的哪些位置、使用了哪种颜色和图形，以及各部分内容之间具有怎样的关联。

第四，与思维导图有关的其他内容请参见本书最后的扩展阅读中列出的两部相关作品，或者通过网络搜索一下帮助记忆的思维导图示例。

29

30

让大脑做好应对考试的准备

在本书第1节中，我们曾经提到过记忆的3个基本步骤，即把注意力集中于有关信息、在大脑中整理记忆素材、需要用到信息的时候调取记忆。

由于考试过程中精神压力过大，很多人都会在第三个步骤遇到困难。但是他们并没有真正忘记自己学过的内容，当考试结束之后，记忆反而犹如洪水一般涌入脑海。然而，这个时候回想起来已为时已晚。

前文介绍的有关记忆技巧可以帮助你有效地解决集中注意力与整理记忆素材方面的问题。除此之外，本书还将介绍一些帮助你保持冷静的技巧，这样你便可以在考试过程中回想起自己学过的内容。毕竟，我们的目标是：让你在最需要的时刻能够及时调取有关记忆。

技巧：铜钟记忆法（BELL）

考试对于我们大多数人来说都很重要。我们渴望获得好成绩，因此很容易在考试过程中产生精神压力。这个时候我们就需要让自己冷静下来，让大脑维持正常运转，以回忆起自己努力学习过的内容。这里介绍的铜钟记忆法与本书第26节介绍的鱼叉记忆法类似，可以帮助我们在考试、工作及各类生活场景中缓解压力，维持大脑正常运转。铜钟记忆法主要包含以下内容：

（1）呼吸（Breathe）。

（2）设想有关场景（Envision）。

（3）笑（Laugh）。

（4）想一下考试过后的其他事情（Later）。

具体操作方法

根据个人需要，在考试当天的早些时候选用铜钟记忆法的部分或全部内容进行放松，然后在考试之前再进行一次放松。这样一来，你的精神压力就会得到有效释放，同时头脑也可以保持敏捷，而你也可以在考试过程中更好地回忆起所学过的内容。

呼吸

拿出1~5分钟时间练习一下腹式呼吸。

第一，闭上眼睛，身体坐直。

第二，用鼻子呼气，把注意力集中到肺部排出气体的动作。

第三，用鼻子吸气，让吸入的空气推动横膈膜收缩下降，然后空气填满肺部下方的空间，最后填满肺部上方的空间。吸气的时候从1慢慢数到4。

第四，再一次呼气，首先完全呼出肺部上方的气体，然后呼出肺部下方的气体，最后彻底让横膈膜放松上升。呼气的时候从1数到8（或者使用相当于吸气时间2倍的时长）。

第五，呼吸的时候放松肩膀及身体其他部位，通过呼吸动作释放身体和精神上的所有压力。

设想有关场景

拿出1分钟时间，设想一下自己成功通过考试之后的有关场景。

第一，想象一下自己参加考试的考场。

第二，想象一下自己置身考场中的情景。

第三，想象一下自己在考场很放松而且心情愉快。即便你可能无法真正做到那样放松又愉快，也要充分发挥想象力为自己呈现有关场景。

第四，想象一下自己信心满满地提交了考卷，并且对考试成绩非常满意的场景。

笑

回想一件最近发生的趣事，或者回想一下自己从电视上看到的令人捧腹大笑的内容。试着让自己笑一下，即使无法做到笑出声，微笑一下也是可以的。

想一下考试过后的其他事情

想想自己已经参与过的其他考试。无论考试成绩如何，事后你总有其他事情要做，生活终将继续。想一下这次考试结束之后自己要做的其他事情，转移注意力以缓解精神压力。比如，想一下考试结束之后自己要去上的另一节课，要去做的另一份工作，或者其他生活内容。

我们的大脑通常会把当下的考试当作生活里最重要的内容，而精神压力也就由此产生了。想想其他事情可以让大脑正确看待这场考试，进而消除大部分精神压力与恐惧感。

| 31 | ————————————

记忆单词拼写方式

现如今，我们使用的大部分文本编辑软件都有拼写检查等功能，比如错误的单词下方会标注有红线，只需轻轻一点鼠标，就能自动更正。我们可以轻松选择某个单词的正确拼写方式，因此记忆单词的拼写方式看起来似乎没那么重要了。然而，要正确地拼写单词其实并不难。我们通常可以正确地拼写大部分单词，却往往在一两个字母的细节上犯难。某个单词里面有一个"c"还是两个"c"？有一个"s"还是两个"s"？某个位置是"a"还是"e"？

在这种情况下，记住容易出现问题的细节即可。本节介绍的关联记忆法，可以帮助你轻松搞定这一类细节。

技巧：关联记忆法

关联记忆法要求我们发挥想象力创建两种图像：一种是有关单词本身的图像，另一种是有关常见的拼写错误的图像。通过把两种图像结合起来进行记忆，编一个小故事，并增添一些细节，你就可以正确拼写单词，从而有效地克服拼写方面的障碍。

具体操作方法

第一，找出一个正确拼写的单词。

第二，把这个单词转化为图像。这里需要根据单词的含义进行联想，不要关注构成单词的字母本身。

第三，注意一下自己容易拼错单词的哪个部分，把易错部分转化为图像。

第四，把两个图像关联起来，编一个有趣的小故事，然后补充细节。

以下举出3个示例：

西兰花（Broccoli）

想象一棵又绿又好吃的西兰花，在脑海里把这棵西兰花的尺寸放大至巨大，比如它有1.8米高。大多数人都记不清它的英文单词里有一个"c"还是两个"c"。那么，接下来就把字母"c"也转化成某个图像，比如牛仔（cowboy）、小丑（clown）、蛋糕（cake）或者饼干（cookie）。西兰花的英文单词里面有两个"c"，因此你可以设想一下与"c"有关的图像成对出现的场景。你可以据此编一个有趣的小故事，并将该图像与那棵巨大的西兰花建立关联。这里以牛仔为例：两名西部牛仔坐在篝火旁，用叉子烤一个尺寸约1.8米的巨大西兰花。

出现（Appearance）

想象一下魔术师变出某个东西的场景。很多人记不清这个单词的结尾部分是"ance"还是"ence"，那就把"ance"转化为同样以字母"a"开头的其他事物，比如蚂蚁（ant）、苹果（apple），或者阿姨（aunt）。接下来把魔术师与蚂蚁、苹果，或者阿姨关联起来。例如，你请了一位魔术师来到孩子的生日派对上表演魔术，然而表演出现了失误，魔术师本来应该变出一只可爱的小兔子，结果却变出了一只红色的蚂蚁。这只蚂蚁逃跑了，然后……（请自行补充其他情节）

日历（Calendar）

想象眼前有一本日历，至于日历彩图上的内容，可以自行发挥想象。这个单词的结尾是"ar"，很多人都易将其错误地拼写为"er"。关于"ar"这种拼写方式，你可能会联想到"啊"的发音，而"啊"的发音可能会让你联想到一名大喊大叫的海盗。那么，你在这里就可以想象一名海盗，然后把日历与海盗关联起来组成一个小故事。

拿出5秒钟时间通过关联记忆法进行想象，你将有效记忆易错单词的正确拼写方式。今后你就可以借助出众的拼写能力收获赞许的目光与自豪感。

小贴士：你的"记忆侦探"

　　大脑里其实藏着一名 "记忆侦探"，"他"会像电视剧里的侦探那样努力地帮助你"破案"。那么，电视剧里的侦探在破案的时候需要什么东西呢？他们需要的自然是与案件有关的更多线索。给自己的"记忆侦探"提供更多线索，同样可以轻松地解决记忆方面的难题。当我们把乏味（容易遗忘）的信息转化为有趣（便于记忆）的图像之后，这些图像就可以成为"记忆侦探"用来解决难题的线索。

32

区分易混淆单词

电子设备所具有的拼写检查功能通常无法分辨 "you're"与

"your"，或者"their"与"there"之类的区别。这种错误通常会让我们看起来好像不怎么聪明。当我们很忙或者赶时间（比如匆忙地在网络上发帖）的时候，就很容易犯这一类错误。不过，只要稍微集中注意力并且应用以下技巧，我们就可以在社交媒体上维持良好的个人形象。

技巧：把文字转化为图像

这里的技巧与第31节提到的关联记忆法相似。找到易混淆单词之间的差异，并把这些差异分别转化为图像，这样我们就可以更好地记住特定单词的使用与拼写方式。接下来的内容包含大量示例，主要目的在于解释本技巧的使用方法。你可以参考一下这些示例，然后根据自己的需求来进行具体应用。

具体操作方法

第一，确认易混淆单词的正确使用方法和含义。

第二，想象其中一个单词，并把单词的含义转化为图像。

第三，注意一下这个单词与其易混淆单词之间的差别。这里的差别通常在于拼写方式或撇号的使用。

第四，通过字母图像系统（参见第12节），结合易混淆单词在词义与拼写方式上的差别，创作一个夸张的图像或者故事。

第五，对易混淆的另一个单词进行转化。

第六，进行一下自我测试，看看能否记住差别。根据具体情况为图像增添细节，巩固记忆。

以下为易混淆单词示例：

Feet / Feat

把词义转化为图像。"Feet"的词义为"脚"，即与人体腿部末端相连接的身体部位。你可以为脚的图像增添一些比较夸张的细节。

（1）"Feet"和"Feat"在拼写方式上有怎样的差别呢？前者包含两个"e"，而后者的中间为"ea"。

（2）把字母"e"的图像转化为大象（elephant），想象一下两头大象踩在脚上的场景。

（3）"Feat"的词义为"壮举"。单词中有"ea"，还有一个"t"，合起来就是"eat"，意思为"吃"。因此你可以这样想，一次吃掉大量的食物简直就是一种壮举。

To / Two / Too

（1）"To"是一个介词，用来指示动作方向或者方位。

（2）"To"只包含一个元音字母"o"，而且没有"w"。

（3）想象一下把某样东西［比如橘子（orange）］给予某人，或者把这样东西带到某个地点。不要只记忆单词词义和相关示例，花上几秒钟时间编一个小故事，这样会产生最佳记忆效果。

（4）"Two"的词义为数字"2"。"Two"的拼写方式中易混淆的部分为"wo"，我们可以把它转化为以"wo"开头并且可以成对出现的事物，比如木头（wood）。接下来为图像增添细节，想象一下用木头制成的成对物品，比如一对滑雪板。

（5）"Too"的词义为"也"，或者被用来表示某件事物在程度或者数量方面过多。把这个单词中的两个"o"分别转化为你不想吃太多的东西，比如洋葱（onion）或者秋葵沙拉（okra salad）。

Your / You're

（1）"Your"是一个物主代词，用于指示事物的从属关系，意思为"你的"。

（2）把"Your"的图像转化为朋友养的宠物，即把单词末尾的字母"r"转化为以"r"开头的动物图像，比如老鼠（rat）或者犀牛（rhino）。这里注意不要把"r"转化为以"re"开头的图像，否则容易与"You're"产生混淆。接下来你可以多向朋友问一些与他的宠物有关的问题。

（3）"You're"是"You are"的缩写形式，意思为"你是"。这里可以把撇号后的"r"转化为葡萄干（raisin），把"e"转化为大象（elephant）。想象一下你对自己的朋友说："穿着这件由葡萄干制成的服装并骑上一头大象，肯定会很有趣。"

（4）请记住，我们将单词或者字母进行转化后的内容必须是可以起到提示作用的线索。一旦你建立了有关线索，"记忆侦探"就可以自动为你补充其他部分，比如撇号的使用等。

Its / It's

（1）"Its"是一个物主代词，用于指示事物从属关系，意思为 "它的"。这里可以想象一下自己的腋窝（armpits）。

（2）"It's"是"It is"的缩写形式，意思为"它是"。想象一下一个撇号飞了过来，砍掉了 "It is"中的第二个字母"i"。字母"s"感到非常害怕，于是靠近字母"t"来保证自己的安全。

Lose / Loose

（1）"Lose" 的词义为 " 丢失"。当你弄丢了"Loose"中的一个字母"o"，就得到了"丢失"这个词。

（2）"Loose"的词义为"宽松"或者"释放"。想象一下自己打开了一个笼子，把里面的一只鹅（goose）放了出来。

Here / Hear

（1）在这个例子中，我们只要记住其中一个单词的拼写方式，就可以有效区分两个单词。"Hear"词义为"听到某种声音"，单词包含了"ear"，它刚好就是"耳朵"的意思。

以上示例主要用于展示如何通过发挥想象力与创造力对单词进行转化记忆，从而更好地区分易混淆单词。针对容易记混的单词，你可以借助以上方法进行实际练习。这些方法简单实用，你只需要花上几秒钟时间就可以做到在单词的拼写与使用方面不再出错。

┃ 33 ┃ ───────────

学会说一门外语

无论处于怎样的年龄阶段，学习外语始终都是一种对大脑的考验。因为在学习外语的过程中，我们需要记忆大量内容。不过在各种记忆技巧的帮助下，我们再也不需要死记硬背，而学习外语的过程也会变得容易许多。你可以把记忆技巧当成一座桥梁，桥的一端是完全陌生的单词，另一端是轻易浮现在你脑海中的单词。

记忆技巧只是一种学习外语的方法，可以帮助你通过这门外语进行思考，而不用绞尽脑汁地在记忆中搜索单词。本节介绍的记忆技巧不仅可以帮助你更轻松、更快速地学习外语，还可以带来很多乐趣。

技巧：CAR 记忆法

死记硬背同样也是一种学习外语的方法，但这种方法效率很低，好比通过步行的方式花费了很长时间才抵达目的地。而 CAR 记忆法则相当于驾驶车辆，轻松又高效。在这里，我的目标并非教会你某种特定语言，而是向你展示如何通过 CAR 记忆法来快速记忆更多单词。接下来，你将学会通过想象力完成以下步骤：

（1）转化（Convert）。把英语或者其他语种的单词转化为图像。

（2）关联（Associate）。通过有趣的方法把不同单词关联起来，以便轻松记忆。

（3）重复（Repeat）。重复以上流程，增添细节，加强单词之间的关联。

具体操作方法

第一，从某个英文单词入手，把单词转化为图像，通过CAST记忆法（参见第8节）为单词增添有趣的细节。

第二，找到词意相同的其他语种单词，学会单词的正确发音。通过发音方式把这个单词转化为图像。请注意，这里的转化基于单词发音，并非单词的拼写方式。有必要的话也可以把单词拆分成几个音节，分别转化为图像。

第三，通过一种独特的方式把上述图像关联起来。

第四，回顾一下这种关联，增添一些细节，让所有图像或者整个故事更有趣。

以下3个示例可供参考：

猫　英语：cat　西班牙语：gato

（1）把"cat"转化为有趣的图像，比如一只绿色的毛发蓬松的新生小猫。

（2）西班牙语"gato"的发音大致为"gah-toe"，听起来像是英语中的"got"（得到）和"toe"（脚趾）。接下来，你就可以把这个单词转化为与读音有关的图像。

（3）把两种图像关联起来。想象一下，一只绿色的毛发蓬松的新生小猫扑了过来，用它的小爪子紧紧抱住了你的大脚趾。这样一来，小猫就得到了脚趾。

（4）回顾上述内容，增添细节。想象一下，这只小猫随后用它那表面像砂纸一样粗糙的舌头舔你的脚趾会是一种怎样的感觉。

猫　英语：cat　日语：ネコ

（1）把"cat"转化为有趣的图像。

（2）日语单词"ネコ"的发音类似于英语中的"neck-oh"。同样根据单词读音把单词转化为图像，比如想象一下自己的脖子（neck）。

（3）把上述图像关联起来。想象一下，这只小猫突然跳起来落在了你的脖子上，然后开始舔你的脖子。

（4）回顾上述内容，增添细节。在这样的场景中，你可能会突然叫道："噢（oh），这只小猫在舔我的脖子！"

33

周　英语：week　法语：semaine

这次我们稍微改变一下方法，从其他语种单词开始入手。

（1）法语单词"semaine"的发音类似于英语中的"sem-enn"。这个发音听起来像是带有法语口音的"cement"（水泥），即词尾的字母"t"不发音。那么，你可以想象一下自己家附近用水泥铺成的公路或者人行道。

（2）把"week"转化为图像。这看起来好像有点难，不过没关系。在整个过程中，如果你发现任何一种语言的某个单词无法被转化为图像，就可以直接跳到下一步。

（3）发挥想象力进行关联。比如，自己家附近的水泥上面公路上面刚刚铺好混凝土，需要一周时间才能彻底干透。在这里，即便没有把"week"进行具象化，大脑也仍然可以根据有关线索对信息进行补充。

（4）回顾上述内容，增添细节。想象一下，邻居家的小孩在第6天突然跑到没干透的路面上留下了一串永久的脚印，这时你会有怎样的感受。

你可以把CAR记忆法只用在那些通过读写仍然记不住的单词上，不必对所有单词都进行应用。为了更好地进行创造性转化，你可以留意一下某个单词在语速较慢情况下的正确发音方式。不用过于追求发音或者词义方面的精准。发挥创造力进行联想，从而大大提升学习外语的效率。

——————————————————

拼写外语单词

CAR 记忆法（参见第33节）的重点在于如何去说一门外语。本节接下来要介绍的 C2C 记忆法，将教会你如何正确拼写外语单词。大多数人都比较注重外语口语方面的学习，但正确拼写单词同样十分重要。而且，记忆单词的读法与记忆单词的拼法通常具有本质差别。在单词拼写方面，我们同样可以通过发挥想象力与创造力来获得事半功倍的学习效果。

技巧：C2C 记忆法

很多外语单词都比较简单，我们听到发音之后就可以直接拼写出来。通过普通的外语学习方法再加上适当的练习，我们就可以牢牢记住这些单词的拼法。然而，还有一些单词具有较高的拼写难度，也比较难记忆。这个时候我们就需要发挥自己的创造力，借助 C2C 记忆法来进行记忆。C2C 记忆法是在关联记忆法（参见第31节）的基础上进行了改进，添加了记忆外语单词的一种方法。通过此记忆法，你可以利用一些具有创意的方法把单词的各个字母、音节、后缀，或者其他较难记忆的部分转化为图像，然后把这些图像与单词本身关联起来。这种记忆方法的关键在于创造力，在使用过程中要记住尽可能地发挥创意。

具体操作方法

第一，选出一个拼写难度较高的单词，找出单词里面较难记忆的部分。

第二，发挥创意，把单词中的各个字母或者音节转化为图像。

第三，把图像与单词本身关联起来，然后添加与词义有关的图像。

以下提供3个参考示例：

示例1：发挥创意记忆整个单词

在了解词义的情况下，记忆单词的拼法通常会比较容易。如果你能再花一点时间把单词转化成一个故事，记起来就会更容易。

让我们以记忆法语单词"Semaine"为例。

在美国缅因州东南部地区（Southeast Maine），很多住宅附近的路面都铺上了水泥（参见第33节 CAR 记忆法的详细讲解）。

示例2：记忆附带后缀的单词

很多外语单词都有后缀，比如法语中就有大量单词以 "-en" "-enne" "-aine" 结尾。按照 C2C 记忆法，我们可以把特定图像与各个后缀关联起来，在了解词义之后再把与词义相关的图像添加进来。

后缀 "-en" 可以转化为英式松饼（English muffin）、企鹅（penguin）或者某种濒危动物（endangered animal）。

后缀 "-enne" 可以转化为两名修女（nun）各自骑着一头大象（elephant）。

后缀 "-aine" 可以转化为一只蚂蚁爬进了鸡蛋里（ant in egg）。

示例3：使用 C2C 记忆法打造属于自己的记忆系统

让我们以记忆德语定冠词为例。

德语中的 "der" 为阳性定冠词，相当于英语中的定冠词 "the"，读音则与英语中的 "dare"（敢于）相近。接下来，你可以把 "dare" 与德语单词关联起来。比如 "der honig"（蜂蜜），你可以据此想象一场奇特的蜂蜜挑战活动。

德语中的"die"为阴性定冠词，读音接近于英语中的"dee"，但是直接根据拼写方法按照英语单词"die"（死）进行记忆会比较简单。例如，有一个点子（die ahnugh）特别危险，有可能会把你害死。

那么，德语中的中性定冠词"das"应该怎样记忆呢？你可以发挥自己的想象力和创造力，自行建立关联。

| 35 | ─────────────────────

忙碌期间记忆自己听到或想到的事

当我们正在忙某些事情的时候，比如开车、锻炼身体、做饭，很难记住期间发生的其他事情。在听着电台节目开车去上班的路上，如果我们还能记住节目里提到的某本书或者播放过的某首歌的名字，是不是会感觉非常惬意？再比如，如果我们能在做完饭之后记住需要做的其他事情，那么我们的生活将会有条不紊。

为了实现这些目标，我们可以在大脑中记录一下有关信息，并将信息储存到自己的记忆宫殿中，而不用通过写便条或者借助智能设备来提醒自己了。

技巧：记忆宫殿

在学习这个技巧之前，我们需要事先做一点准备工作，不过这些准备工作可以带来丰厚的回报。在试图记住某些信息的情况下，我们需要采取一种事后便于调取的方式在大脑中储存信息，而记忆宫殿正是这类技巧之一。

我们可以把自己比较熟悉并且能够在脑海中轻松描绘的地方转化为自己的记忆宫殿 —— 把有关信息储存到里面，之后再进行调取。这个地方可以是自己的家，也可以是你最喜欢的某一家商店等。在本节内容里，我们将学习如何把交通工具转化为记忆宫殿。

这一节包括两个方面的内容：一是打造记忆宫殿；二是通过记忆宫殿储存信息。

具体操作方法

打造记忆宫殿

第一，想象一下自己最喜欢并且比较熟悉的交通工具。在这里，你既可以选择自己的家用汽车，也可以选择日常通勤所乘坐的地铁，只要能够在大脑中为自己呈现出交通工具的内部环境即可。

第二，在想象出的交通工具内部划分出3个区域。如果你想象的是一辆小汽车，那么你可以按照副驾驶座及后排两个座位的布局来安排这3个区域。

这样一来，我们就成功地打造了一座属于自己的记忆宫殿。记忆宫殿将成为我们大脑中的档案柜，用于储存几天之内需要记忆的信息。接下来，我们将学习如何具体应用记忆宫殿。假设你正在听电台节目，节目提到了一本你稍后想要购买的书——布拉德·楚普（Brad Zupp）的《精准记忆：在学习、生活、工作中高效记忆的75个技巧》。

通过记忆宫殿储存信息

第一，把书名或者作者的名字转化为图像。在上述例子中，你可以把 "Brad" 想象成布拉德·皮特或者布莱德利·库珀 [1]。无论想象成哪位电影明星，你都需要在转化过程中快速且尽可能多地添加细节。想象一下布拉德·皮特坐在车里的副驾驶座上，然后再加入 "Zupp" 的关联图像，比如一匹斑马（zebra）浮了上来（float up），坐在他的大腿上。

第二，当你需要记忆其他信息的时候，重复这个流程，即把这些信息转化为图像，并通过想象力让图像与记忆宫殿中的

---

[1] 布莱德利·库珀（Bradley Cooper），美国演员、导演，曾出演《宿醉》《银河护卫队》等。——译者注

下一个位置有所关联。比如你想约一个朋友一起吃午饭，那么可以想象一下朋友坐在后排座位上吃东西的情景。接下来为图像添加一些细节，比如朋友吃东西的时候，把座位搞得十分脏乱。

第三，当你需要记忆第三件事情的时候，再次重复相同的流程。如果你发现自己还需要记忆很多事情，那么可以在记忆宫殿中创建其他区域，比如汽车引擎盖、车顶或者后备厢。

第四，每天早晚时段回顾一下记忆宫殿的内容，看看自己在相应位置都储存了哪些信息，然后根据信息采取相应的行动，比如去买自己想买的那本书、搜索自己想听的那首歌，或者打电话给某个人。如果不进行回顾，记忆宫殿相应位置的有关信息就会快速消失，所以我们需要每天按时回顾并进行清理。

小贴士：创意不足怎么办？

小孩儿通常特别擅长编故事，而成年人则相对缺乏这方面的能力。如果你感觉自己在应用某些记忆技巧的时候缺乏创意，可以试着像小孩儿那样去思考。小孩儿一般都会想到什么东西呢？大多可能都是看上去傻傻的那种。适当练习想象可以帮助你提高创意能力，因此你大可不必担心，也不要产生退缩情绪。

| 36 | ────────────────────────────

记忆一连串信息

我们经常需要记忆一连串信息，比如某件事情的步骤、某张清单或安全检查表中的内容、某道数学题的解题步骤，或者法律条款中的有关内容。记忆一连串信息通常具有较高的难度，本节接下来介绍的链条记忆法将帮助你轻松回忆起有关内容。

技巧：链条记忆法

其实你已经在不知不觉的情况下对链条记忆法进行了应用，比如记忆护照号码、信用卡号码或者密码。在记忆这些信息的时候，你已经把过程中所涉及的每个步骤都转化为了图像。这些图像就像链条那样，一环扣一环。通过类似的方法，我们可以把大量信息或者步骤统统串联起来。这里的重点在于，要把链条中的各个环节及其关联转化为生动的图像。在本节内容里，我们将练习记忆单词与概念，不再记忆数字。另外，我对本节谈及的技巧进行了一点修改，因此以下内容与记忆数字的技巧相比更易于应用。

具体操作方法

第一，把标题转化为图像。这里的图像将成为链条顶端的锚，起到标志性的引导作用。

第二，把信息链条中的第一个环节转化为夸张又有趣的图像。在条件允许的情况下，你还可以把特定的人物或者电影角色添加到故事的不同场景中。这样可以使整个故事更便于想象，记忆效果更好。

第三，把第二个环节转化为图像，并通过具有创意的方法将图像与第一个环节串联起来。

第四，把第三个环节转化为图像，与第二个环节相关联。

第五，如此以往，发挥想象力把各个环节转化为图像，并进行前后关联。

接下来，我们以记忆美国《权利法案》为例进行示范。请注意，这里对《权利法案》进行了简化。在把整个链条的每个环节转化为图像之前，我们需要打造一个与初始环节有关的图像，比如一位名叫比尔（Bill）的名人非常了解自己所享有的相关权利。

第一条　宗教自由、言论自由、出版自由、集会自由与请愿自由。针对第一条的内容，我们可以想象一幅画面，把那些与宗教（比如基督教的十字架、犹太教的大卫盾等）、言论、出版、集会、请愿有关的元素结合起来。我个人会想象一名男子正在发表演讲，他的身后有一个十字架。演讲场地聚集了很多记者，这些记者都在抚摸[1]自己身边正在撒娇祈求爱抚的宠物狗（对我来说，与宠物狗有关的图像比真实的请愿场景更容易想象）。把这幅画面与前文提及的比尔联系起来，你可以想象正在做演讲的人是比尔·盖茨。

第二条　持有和携带武器的权利。这里的英语原文采用了"bear"一词来表示"携带"，该词的另一含义为"熊"，因此你可以想象一头持枪的熊。把这里的图像与上一个环节关联起来，比如你可以想象这头持枪的熊来到了演讲现场。

第三条　士兵不得驻扎在平民住宅。想象一下一队士兵来到了这头熊的家中，想要驻扎在这里。

第四条　人身、住宅、文件和财产不受无理搜查与扣押的权利。这队士兵对熊的房子进行了搜查，并且扣押了搜出来的蜂蜜。

第五条　被告人的有关权利。这头熊抗议说自己此前从未见过这些蜂蜜，自己是清白的，除非有证据证

---

[1]　"抚摸"的英文单词"pet"与"请愿"的英文单词"petition"的前三个字母一样。——编者注

明它有罪。

第六条　接受公正且迅速的审判的权利。这头熊来到当地的一个博览会[1]场馆，接受了审判。

第七条　陪审团审判。森林中的各种动物纷纷赶来组成了陪审团。

第八条　保释、处罚方面的权利。陪审团允许这头熊在缴纳保释金之后被释放。

第九条　不得否认或轻视由人民保留的其他权利。获得保释之后，这头熊独自站在树林里，小心翼翼地与其他动物保持距离，避免发生冲突。

第十条　未授予的权利。这头熊给予了生活在各个州里的动物自己所拥有的魔法。

当我们需要回忆某一条内容的时候，可以在大脑里把整个故事过一遍，找出那一条的具体内容。

在这里，我们的示例并没有完全覆盖美国《权利法案》的全部内容。链条记忆法的关键在于为你所掌握的信息提供线索；因此在记忆某个列表或流程的时候，你需要删减很多内容。那些与整合、联想有关的工作内容，将由你大脑中的"记忆侦探"代为完成。

---

[1]　在英文中，"fair"一词可以表示为"博览会"与"公正"。——编者注

| **37** | ────────────────────

记忆有丝分裂的 5 个阶段

有丝分裂是指在细胞分裂过程中，发生在细胞核里的一系列现象。通过发挥想象力并借助链条记忆法（参见第36节），你可以很容易地记住有丝分裂的5个阶段。如果你发现自己除了记不住各阶段的名称之外，同样记不住各阶段的有关细节，那么你可能会需要用到记忆宫殿（参见第35节）。我将在本节内容中分别介绍如何用链条记忆法与记忆宫殿来熟记有丝分裂的5个阶段，你可以选择采用最适合自己的记忆方法。除了有丝分裂之外，你同样可以使用本节介绍的技巧来记忆其他科学知识，并借此给他人留下深刻印象。

技巧：链条记忆法与记忆宫殿

接下来，我们将通过与记忆美国《权利法案》类似的方法，把有丝分裂的5个阶段的内容转化为图像，并进行前后关联。至于中心粒及其他细节内容，则需要用到记忆宫殿。挑出家中自己比较熟悉的房间（或者学校的科学教室），想象房间里的每一面墙和每一处角落都储存着信息，从而打造属于自己的记忆宫殿。然后你能以各个阶段的名称为开端，将有关细节填充到对应的储存区域之中即可。

具体操作方法

你可以发挥一下创造力，针对各个阶段的名称进行分解与联想，把它们转化为图像，然后通过链条记忆法或者记忆宫殿进行记忆。

链条记忆法

前期（Prophase）。该英文单词中的"pro"具有"职业"的含义，因此你可以联想一下你最喜欢的某项运动的职业赛队或者职业选手。

中期（Metaphase）。"Meta"可以让人联想到美国职业棒球大联盟的纽约大都会队（New York Mets），你可以把上一条内容里联想到的职业赛队或者职业选手与纽约大都会队关联起来。

后期（Anaphase）。为了记忆"Ana"，你可以想象一个苹果（an apple）或者一只蚂蚁（an ant），然后发挥想象力把它与上一条的纽约大都会队关联起来。

末期（Telophase）。根据"Tel"，你可以想象一部电话（telephone）。为了更好地记忆"Telo"，你可以想象一部老式的有线电话（old-fashioned telephone），然后把它与上一条的苹果或者蚂蚁关联起来。

间期（Interphase）。记忆"Inter"的时候，你可以想象一名实习医生（intern）。如果实习医生的联想效果不好的话，你也可以采用电影《星际穿越》（*Interstellar*）中的有关画面。

以我个人为例，我会想象泰格·伍兹[1]（Pro）来到了纽约大都会队（Meta）的体育场。当他捡起本垒板上的一个苹果（Ana）时，一名球童为他取来了一部老式有线电话（Telo）。他挂掉电话之后便开始击球，球飞向太空，一名宇航员（Inter）接住了球。

记忆宫殿

现在我们将通过记忆宫殿来记忆有丝分裂的5个阶段的所有细节。你可以把学校里的科学教室当作记忆宫殿，然后把各个阶段的现象、中心粒及 DNA（脱氧核糖核酸）等有关细节转化为图像。同时，你需要在脑海里为自己呈现细胞固缩、核质浓缩、DNA 降解、染色质凝聚，以及中心粒运动的有关场景。这里需要注意的是，要把这些场景进行放大，直到所有画面好像一条鱼在你眼前游动那样清晰可见。

让我们来举例说明。

---

[1] 泰格·伍兹（Tiger Woods），美国著名高尔夫球手，在 2009 年前高尔夫世界排名首位。——译者注

把科学教室作为记忆宫殿，然后想象泰格·伍兹来到这间教室。在有丝分裂的前期阶段中，细胞开始准备分裂。你可以想象一下泰格·伍兹正在教室里的一块白板上做除法运算，他把画有染色体的图像分别复制到白板的两个位置，开始准备进行有丝分裂。在这里，你可以把中心粒想象成硬币，然后发散思维对有丝分裂的英文单词"mitotic division"进行联想。比如，"mitotic"可以拆分为"my-tot-ick"，意思为"我的小孩在呕吐"。

接下来，在靠近白板的另一个位置想象一下纽约大都会队，它对应有丝分裂的中期阶段。参考教科书，把这一阶段所发生的现象转化为图像，然后想象这些现象清晰地呈现在你的记忆宫殿的对应区域。

以上提到的记忆技巧只是一种提高记忆效率的工具，并非学习方面的捷径，我们仍然需要对教材进行研读与学习。但也不妨试验一下，看看效果如何。

记忆圆周率 π

每次当众背诵圆周率 π 的各位数字时，我总能连连收获人们的赞叹。要知道，现今人们似乎连电话号码都记不住，更别说记忆圆周率 π 了。但是，记忆圆周率 π 其实并不比记住电话号码难多少。如果想要给人们留下深刻印象（比如学霸总能轻易让人记住），那么你可以记忆一下圆周率 π 小数点之后的前30位数字。本书前文所提到的技巧，可以帮助你轻松记住这30位数字。

技巧：把数字转化为代码

学习完前文提到的各种技巧之后，本节内容其实非常简单。在这里，你可以把记忆整个流程当成一种将数字转化为代码的游戏。对于转化过程中所涉及的记忆技巧，你可以挑选自己最喜欢的，比如 MOST 记忆法（参见第11节）、简易系统（参见第13节）、基本系统（参见第18节），或者数字押韵系统（参见

第17节）。如果你目前还不知道自己最喜欢哪种技巧，不妨现在就开始挑选。

我猜到目前为止，你还没有记住圆周率π小数点之后的前30位数字，所以我在这里先将其列出来：3.14159265358979323 8462643383279。

具体操作方法

第一，这里假设你可以直接记住开头的数字3，然后直接从小数点右边开始，把各位数字转化为图像。

第二，通过链条记忆法（参见第36节）把各个图像关联起来。

第三，重复以上步骤，把足以使人惊叹的位数中的每个数字的图像串联在一起。不过背诵的位数也不宜过多，否则别人可能会觉得你是个怪人。

接下来，我们将学习如何通过各种不同的技巧来记忆圆周率π小数点之后的12位数字（141592653589）。如果你想要记住30位或者更多数字，可以自行重复转化与串联。

数字押韵系统

1→跑，4→门，1→跑，5→蜂巢，9→标志牌，

2→咀嚼，6→蟑虫，5→蜂巢，3→树，5→蜂巢，

8→鱼饵，9→标志……

圆周率 π 的读音接近英文的 "pie"，意思为 "馅饼"。因此，我们可以想象一下这样的场景：你正在拿着一个馅饼（π）奔跑（1），然后突然撞上一扇门（4）摔倒了；你站起来跑（1）出门去，却又撞到了一个蜂巢（5），又被撞倒了；你再次站起身，头却不小心撞到了一个标志牌（9），上面写着 "出售蜂蜜"；你把一些蜂蜜放入口中咀嚼（2），却发现蜂蜜里面有蝉虫（6）；于是你把蜂蜜放回了蜂巢（5），把蜂巢挂到了一棵大树（3）上；结果大树突然倒了，砸坏了蜂巢（5）；为避免意外，你用鱼饵（8）在旁边组成 "危险" 两个字作为警示标志（9）……

MOST 记忆法

1415 → 纽约洋基队在一场激烈的比赛中，以 14∶15 的比分输给了波士顿红袜队。

926 → 我上午 9∶26 才打卡，虽然上班迟到了，但是仍然在上午 9∶30 之前赶到了工作场所。

535 → 本来我应该下午 5∶00 下班，但因为早上迟到，我主动加班 35 分钟。

897 → 晚餐我只花了 8.97 美元，口袋里装着找零的 3 个 1 美分硬币。

……

简易系统

1 → 蜡烛，4 → 凳子，1 → 蜡烛，5 → 鱼钩，9 → 猫，2 → 一双鞋子，6 → 蚂蚁，5 → 鱼钩，3 → 三轮车，5 → 鱼钩，8 → 章鱼，9 → 猫……

请自行把上述图像串联起来，组成一个故事。

基本系统

14 → 鹿（ deer ），15 → 玩偶（ doll ），92 → 松树（ pine ），65 → 海豹（ seal ），35 → 邮件（ mail ），89 → 说谎的匹诺曹（ fib ），79 → 海角（ cape ），32 → 月亮（ moon ），38 → 电影（ movie ）……

花点时间打造属于你自己的基本系统。这样你就可以一次转化两位数字，从而快速记忆更多数字。

另外，你还可以借助这种方法进行想象。整个过程可能会有点奇怪，但无论如何都请尝试一下。一旦大脑开始习惯通过这种方式进行思考，我们的创造力与记忆力水平就都会得到提高。

38

| 39 | ——————————————

记忆密码锁密码

　　学会记忆圆周率 π 之后，我们就可以很轻松地记住密码锁的密码。不过，忘记密码锁密码的后果要比忘记圆周率 π 的后果严重得多，因此我们需要认真做好相关工作 —— 将每位数字转化为图像后，为图像增添细节，并不断复习以巩固记忆。这样一来，即使在身心疲惫或者匆忙赶时间的情况下，你也可以打开密码锁。

技巧：通过故事来打开密码锁

你现在有没有挑选出最适合自己的数字系统呢？如果答案是否定的，不妨现在就花点时间挑选一下。以 MOST 记忆法（参见第11节）为例，我们可以把数字转化为金钱、物品、体育运动成绩或者时间。整个转化过程不会花费多少时间。考虑到密码锁的密码通常包含3组数字，你可以利用自己最喜欢的数字系统把密码数字转化为图像，然后再将其串联成有趣的故事，以便自己可以轻松记住密码。请注意，你需要持有正确的密码。另外，本节内容所涉及的技巧无法帮助你回忆起你已经忘记的密码。

具体操作方法

39

第一，把密码写下来。

第二，把组成密码的数字转化为图像。在转化过程中，借助 CAST 记忆法（参见第8节）为图像添加色彩、动作、尺寸、质地等方面的细节。

第三，把图像串联成一个有趣且便于记忆的故事。在创作故事的过程中，你同样需要不断添加细节，直到整个故事在你的脑海中像电影那样流畅。

第四，根据以上故事开3次锁，不要去看自己写下来的密码。这样做可以起到练习与巩固记忆的作用。

第五，第二天早上再开3次锁，同样只借助记忆。

第六，当你记住密码之后，把写下来的密码保存起来。

接下来，让我们以密码16-01-12为例：

MOST 记忆法

16 → 驾驶汽车（在美国，16岁的青少年可以考取驾照）；01 → 妈妈是第一名；12 → 一打12个鸡蛋。

你可以想象一下自己开车陪妈妈去商店买鸡蛋。然后你需要为整个故事增添一些细节，比如，路上差点儿出车祸，妈妈想帮忙，但是当时被吓坏了；鸡蛋从购物袋里飞出来打在了挡风玻璃上。

数字押韵系统

1 → 有趣，6 → 蝉虫；0 → 英雄，1 → 有趣；1 → 有趣，2 → 咀嚼。

你可以想象自己正在和一只巨大的蝉虫玩乒乓球（1，6）。这个时候，你最喜欢的超级英雄突然现身，开始陪你玩绳球（0，1）。玩了一会儿之后，你决定再去玩乒乓球，但是超级英雄吃掉了乒乓球（1，2）。

记忆元素周期表

记住元素周期表是一件很棒的事。你可以死记硬背（既慢又无聊），也可以通过一些比较有趣的顺口溜（但是很难创作）进行记忆，还可以使用 APT 记忆法来加速记忆。猜一下我会推荐哪种方法？其实无论使用哪种方法，我们都需要付出一定的努力。不过，使用 APT 记忆法需要你充分发挥想象力，这样一来记忆维持的时间就可以相对更久一些。

技巧：APT 记忆法

根据我们前文提过的各种记忆技巧，你会发现通过名称、符号及原子序数顺序来记忆 118 个元素会相对容易一些。本节所提到的 APT 记忆法有机地结合了 CAR 记忆法（参见第 33 节）与链条记忆法（参见第 36 节）。另外，我们同样可以使用关联记忆法（参见第 31 节）、记忆宫殿（参见第 35 节），以及字母图像系统（参见第 12 节）来辅助记忆。

第一步，也是最重要的一步，即确定自己需要记忆多少内容。按照编号顺序同时记忆元素名称与原子序数是最简单的记忆方法，只需要用到一种记忆技巧。按照元素分组来记忆的方法与前者类似，不过需要多使用一种技巧。最后，我们可以根据相同的方法记忆所有元素的名称、符号及原子序数，只不过需要给所转化的图像增添更多细节。

具体操作方法

方法一

第一，通过 CAR 记忆法或链条记忆法，把118种元素分别转化为图像。

第二，使用关联记忆法记忆易混淆元素，比如金的符号是 Au。

第三，每到第10个元素，就想象一下这种元素闪闪发光的画面，以此作为一种标志。当你需要回忆某个原子序数代表的元素时，就可以根据10个元素一组来缩小范围，直到数到需要回忆的那个元素。比如：

　•氢（H）。联想到 "嗨"（Hi）。比如一个小孩用 "嗨"打招呼。

　•氦（He）。联想到 "氦气球"（Balloon），然后把它与上一个图像关联起来。比如一个小孩边说"嗨"边招手，于是手里的氦气球飞走了。

· 锂（Li）。联想到"锂电池"（Battery），然后把它与氦气球关联起来。比如这个小孩一把抓住气球，为了防止气球飞走就把装有锂电池的手机系在了系气球的绳子上。

· 铍（Be）。联想到"熊"（Bear）。比如一头顽皮的熊拿走了这部装有锂电池的手机。

· 硼（B）。联想到"无聊"（Boring）。比如熊玩了一会儿手机之后感到很无聊，就把手机扔在了道路上。

· 碳（C）。联想到"汽车"（Car）。比如一辆汽车驶过，从手机上碾压了过去。

· 氮（N）。联想到"骑士"（Knight）。比如一名骑士拦下汽车，坐了进去。

· 氧（O）。联想到"氧吧"（Oxygen bar）。比如骑士随后在一家氧吧门口下了车。

· 氟（F）。联想到"地板"（Floor）。比如骑士醉氧了，扶着墙倒在了地板上。

· 氖（Ne）。联想到"霓虹灯"（Neon sign）。比如墙上的霓虹灯掉落在了地板上。霓虹灯反复闪烁着光，这表明氖的原子序数是10。

第四，重复以上步骤，把相邻元素关联起来。在转化过程中，给每个元素的符号各赋予一种特定含义，以便于记忆。在找不到具体含义的情况下，你可以用字母图像系统把元素符号转化为图像。比如钾的符号是"K"，那么可以把钾的相关图像（比如，富含钾的香蕉或者土豆）与"K"的字母图像"猕猴桃"（kiwi）关联起来。

第五，如果要找某个元素的对应原子序数，你可以从开头或者距离最近的"闪光"元素数过去。比如，氮的图像是"骑士"，那么你就可以在串联起来的故事中先找到这个骑士，再找到距离最近的"闪光"元素——氖（第10个元素）。从氖倒数3个元素，就得到了氮的原子序数——7。

方法二

第一，使用同样的方法，按照元素周期表的8个族记忆元素。相比方法一，方法二还添加了另外一种技巧：为各族元素想象出一种提示性标志，然后把这个标志与第一个元素关联起来。要注意的是，这种方法相当于串联出了8条记忆链，每条链为1组，比将118个元素串联成1条记忆链的方法一容易得多。比如：

• 提示性标志为稀有气体（Noble gases），据此联想到"国王"（noble），比如身边弥漫着绿色恶臭气体的懒惰国王。

•氦（He），稀有气体的第一个元素。联想到"氦气球"，把它与国王关联起来。

•氖（Ne）。联想到"霓虹灯"，把它与氦气球关联起来。

•氩（Ar）。联想到叫喊着"啊啊啊"（Arrrr）的海盗，把他与霓虹灯关联起来。

•氪（Kr）。联想到"众所周知"（well-known）的超级英雄，把他与海盗关联起来。

•氙（Xe）。联想到战士公主"西娜"（Xena），把她与超级英雄关联起来。

•氡（Rn）。联想到希腊神话中的"拉冬"（Ladon），把它与战士公主西娜关联起来。

第二，记忆原子序数的时候可以自行挑选一种数字记忆系统，把数字分别转化为图像。在串联各个元素的同时，加入与原子序数有关的图像。比如，氦的原子序数是2，你可以想象一下氦气球的绳子末端挂着一双鞋子（根据数字押韵系统转化）；氖的原子序数是10，你可以想象一下对自己来说长相满分（根据简易系统转化）的人正在举着霓虹灯；氩的原子序数是18，你可以想象一下海盗开着一辆有18个轮子的牵引车（根据简易系统转化）。

第三，重复以上步骤来记忆其他各族元素，每次都先添加一种提示性标志，然后再把各族元素关联起来。

方法三

不知道到目前为止你能不能跟得上思路。当我们学习某种元素的具体信息时，比如，原子序数、族与周期、原子量、熔点、沸点，以及液态性质等，可以把有关信息与特征进行分类，然后再将其添加到特定元素所对应的图像中。比如，我们为氦气球（氦元素）的绳子添加了一双鞋子（原子序数2），又设法添加了一把四条腿的椅子（4）、两个甜甜圈（00）、一双鞋子（2），以及一只六条腿的蚂蚁（6）——4.0026，即氦的原子量。

这种方法需要花费一点时间（只需花费30分钟进行转化与关联），不过仍然比死记硬背省力得多，而且比通过顺口溜进行记忆的方法更有弹性。它比其他任何方法都有效。

| 41 |
记忆各国首都名及其他地名

为了获得较为全面的学习效果，我们通常都需要记忆世界各国首都名与其他地名。若你对旅游感兴趣的话，了解相关信息会非常实用。不过，也有人会出于锻炼记忆力的目的来学习这些内容。无论出于哪种目的，CAR 记忆法（参见第33节）都可以帮助我们轻松记忆地名。

技巧：让 CAR 记忆法带你走遍世界

在记忆地名的情况下，CAR 记忆法具有强大的优势。这种方法的使用要求不高，发挥你的想象力与创造力即可。在前文中我们曾经提到，CAR 记忆法分为3个步骤，即转化、关联、重复。你可以想象一下自己正驾驶一辆汽车（CAR），在一张世界地图上环球旅行，每到达一座首都城市就停下车子。

具体操作方法

第一，依据城市名称或者这座城市能让你联想到的事物，把城市及其所在地区，或者城市及其所在国家的名称分别转化为图像。

第二，使用 CAST 记忆法（参见第8节）把两种图像关联起来。

第三，重复转化步骤，与此同时为图像增添细节。

让我们来举几个例子：

澳大利亚　首都　堪培拉

（1）转化。提到澳大利亚，你会联想到哪些事物呢？沙滩、珊瑚礁，还是袋鼠？挑选一种，转化为图像。接下来，把澳大利亚首都堪培拉同样转化为图像。堪培拉的英文单词"Canberra"或许可以让你想到一罐（can）冰（brr）的苏打水（soda）。

（2）关联。一只袋鼠拿着一罐冰苏打水。

（3）重复。增添细节。这只袋鼠会怎样拿着罐子，并且怎样打开罐子呢？这一罐苏打水是什么口味的呢？

贝宁　首都　波多诺伏

（1）转化。贝宁（Benin）的英文发音"beh-neen"，会让我联想到山羊的叫声（baa）和膝盖（knee）。波多诺伏（Porto-Novo）的英文发音会让我联想到把水倒在脚趾上不能投票（pour-toe no-vote）。

（2）关联。一头膝盖部位长得很奇怪的山羊把水泼在了自己的脚趾上，并因此而失去了投票权。

（3）重复。增添细节。山羊想把票投给谁？它的膝盖怎么了？此外，你还可以想象一下山羊的脚趾为什么会被泼上水。

"转化"与"关联"步骤中的有关图像不需要太精确，也不需要在道理上说得通。这些图像只是用作辅助记忆的线索，因此足够有趣即可。

我们同样可以通过 CAR 记忆法来记忆美国各州及其首府城市的名称。

肯塔基州　首府　法兰克福

（1）转化。肯塔基州（Kentucky）可以转化成 can（一罐饮料）——提醒你单词的其他部分。法兰克福（Frankfort）则可以转化为一座用法兰克热狗（Franks，美国著名的热狗品牌）建成的堡垒（fort）。

（2）关联。一罐饮料和一座热狗堡垒。你可以想象一下通过扔饮料罐的方式来推倒堡垒，或者罐子里漏出来的饮料招来了很多蚂蚁，蚂蚁吃掉了组成堡垒的热狗。此外，你也可以想象一下其他种类的场景。

（3）重复。增添细节，巩固记忆。

| 42 | ─────────────────

在截止日期将近的情况下快速记忆

我第一次尝试在5分钟之内记忆一副纸牌的时候，以失败告终。当时的我无法做到快速记忆。不过，现在我已经可以做到在1分钟之内记住一副纸牌了。接下来，我将向你介绍我记忆纸牌所用到的技巧。

今后遇到需要快速记忆信息的情况时，希望你也可以做到像我这样快。如果你在记忆技巧方面有比较扎实的基础和经验，就可以取得非常好的记忆成果。所以，我希望你不要到了期末考试的前一天晚上才来学习本节内容提到的技巧。不过，即使没有进行大量练习，这里的技巧也同样可以发挥作用。

技巧：强迫自己加快速度

大脑在记忆方面的速度与准确程度，其实完全可以超出你的想象。所以，强迫自己加快记忆速度会产生意想不到的效果。通过学习前文提到的各类记忆技巧，你应该已经学会了如何把信息转化为夸张又有趣的图像。就 CAR 记忆法（参见第33节）和链条记忆法（参见第36节）等记忆技巧来说，练习越多，转化得越快。

现在，你需要准备好自己的学习笔记、思维导图或者其他学习材料，再准备好计时设备，以及强迫自己进行记忆的决心。本节技巧的主要内容在于把重要信息快速转化为图像，或者在已经完成转化的情况下快速回顾图像内容并增添一些比较夸张的细节。最后，通过自我测试的方法强迫大脑回忆重要信息。

具体操作方法

第一，制订学习计划。评估自己总共有多少时间可以用来学习？10分钟之内可以完成多少学习任务？根据这种思路来制订学习计划。第一轮学习，为自己计时5分钟。

第二，从学习资料中挑选出5分钟之内很难学完或者复习完的一页、一个章节或者一个列表的内容。

第三，开始计时，然后快速浏览这部分学习内容。在这段时间，你需要强迫大脑用前所未有的记忆速度来阅读。你可以把整个过程当成在玩一个游戏，挑战一下自我，看看自己最快可以用多久读完这些内容。

第四，在第一轮学习中，把自己想要记住的信息全部转化为图像，再把图像与其他事物关联起来。发挥想象力进行自问自答，再把问题与答案关联起来，然后把这些内容储存到记忆

147

宫殿（参见第35节）中。或者，通过链条记忆法把一部分内容与其他内容关联起来。

第五，复习与回顾。回顾一下自己转化出的图像及其之间的关系，以及由此串联起来的整个故事。即使感觉自己无法读懂学习材料里的内容，也不要放慢速度。要相信大脑可以通过超快的速度进行记忆。

第六，计时结束之后，再开始一轮时长5分钟的学习。这个时候闭上眼或者把学习材料遮起来，努力回忆，同时进行自我测试。看完一部分内容之后马上进行测试，能帮助你取得较好的记忆效果。不要等到学完所有内容再回顾，也不要担心自己是否记得学过的内容。计时结束之后就用荧光笔或者红笔标出有问题的部分。注意，这里需要使用与平时颜色不同的笔。另外，做标记的时候不要学习或者复习，仅仅标记一下就可以了。然后继续学习接下来的内容。

第七，继续学习其他内容。每轮学习或者复习5分钟，而学习内容的量应该达到你认为自己记不住的程度。然后再做5分钟的自我测试，并快速用笔标记一下自己没有记住的内容。

第八，在快要完成学习任务的时候，再设定5分钟的时间，在此期间把学习过程中做过标记的内容全部复习一遍。这里你仍然要使用最快的速度去复习。接下来，再次进行5分钟的自我测试，然后换其他颜色的笔标记没有记住的内容。

第九，放慢速度，集中注意力学习自己没有读懂或者没有记住的内容。想一下本书所提到的记忆技巧，其中是否有可以采用的。如果采用的技巧没有效果，那就要考虑一下自己所转化的图像细节是否足够夸张。乏味容易使人遗忘，而夸张则便于记忆。尽可能让自己转化的图像及串联起来的故事夸张一些，奇特一些。

第十，休息一下，闭上眼睛放松。这个时候不要读书，不要看电视，也不要再去想自己刚刚学习的内容。让自己纯粹地休息一下，给大脑一点时间来处理学习过的东西。

根据学习材料数量与时间宽裕程度，不断重复以上步骤。

| 43 |

应对重大考试

在备考 GRE[1]、ACT[2]、SAT[3] 或者其他重大考试的时候，我

---

[1] Graduate Record Examination（GRE），美国研究生入学资格考试。——编者注

[2] American College Test（ACT），美国高等院校入学考试，是高中升入高等院校前参加的考试。——编者注

[3] Scholastic Aptitude Test（SAT），美国学业能力倾向测验，是高中生升入大学必须通过的测验。——编者注

们需要认真考虑一下如何才能快捷、轻松且高效地记忆尽可能多的内容。备考时间通常比较有限，因此我们需要合理利用时间。前文已经介绍过42种记忆技巧，这些技巧可以帮助你最大限度且合理地利用时间，巩固记忆，并在重大考试过程中轻松回忆起所学内容。

技巧：结合使用多种记忆技巧

入学考试一般不会单纯考察记忆能力，不过记住的东西越多，考试成绩通常就越好。很多考试都会要求考生有较大的词汇量，还有一些考试会测试数学概念与公式（参见第44节）。想要通过这些考试，往往需要采用较为有效的学习方法，好在你已经学习了以下4种可以帮助你备考的记忆方法：

（1）CAR 记忆法（参见第33节）。

（2）链条记忆法（参见第36节）。

（3）关联记忆法（参见第31节）。

（4）记忆宫殿（参见第35节）。

结合使用以上4种记忆方法，外加前文内容所提到的其他学习技巧，你将在准备重大考试的过程中游刃有余。

具体操作方法

第一，拿出你的备考教材，利用第42节所提到的技巧快速浏览教材中的全部内容，同时进行自我测试。这种学习方法可以帮助你找到教材中的重点与难点，合理分配学习时间。

第二，扩充词汇量。有关扩充词汇量的记忆技巧，请参照第54节的有关内容。另外，你还可以通过 CAR 记忆法多积累一些词汇。设定目标，采用切实有效的记忆方法，将使你持续取得进步。

第三，在学习或者复习包含大量细节的内容时，你可以为自己创建多个记忆宫殿。记忆宫殿可以是你目前居住或者曾经住过的房子，也可以是你最喜欢的购物中心、商店、公园、体育馆、教室，乃至图书馆。总之，选出自己比较熟悉并且可以在大脑中轻松成像的场所作为记忆宫殿。

假设你正在备考 MCAT[1]，你可以把童年时期住过的房子作为记忆宫殿，用不同的房间来专门储存不同生命系统主题的内容。你可以对有关主题的所有内容进行想象，然后将其与相关概念关联起来，并进行详细描绘。如果你在考试过程中解答相关题目的时候卡住了，就可以搜索记忆宫殿中的对应区域，比如，"看"一下自己储存在客厅里的主题内容及其有关细节。

---

[1] Medical College Admission Test（MCAT），美国医学院入学考试。——编者注

在记忆宫殿的每个房间或者每个主要区域中选择10个位置。如果是房间的话，就想象一下自己站在房间门口，从左手边开始看。（顺时针的顺序通常会比逆时针的顺序更便于记忆，不过你仍然可以采用对自己来说比较有效的方式。）当你看向左手边的时候，首先看到的位置可能是墙壁或者距离房门最近的一个角落。那么，在此区域你看到了什么东西呢？可能是一盏台灯、一张桌子或者一盆植物。把这里标记为1号位置。接下来，你会看到距离1号位置比较近的墙壁或者角落，那里摆放着某些其他物品。把这个位置标记为2号位置。如此反复，按照墙壁与房间角落相隔的方式选定10个位置。其中，9号位置可以选定为天花板，10号位置可以选定在地板的中间。

写下记忆宫殿的名称，并逐个列出所有位置。反复回顾各个位置的方位，直到你对所有位置都很熟悉。这些准备工作听起来可能比较费时费力，但重复几次之后你就会发现它们其实非常容易完成。一旦开始着手向各个位置储存信息，你就会发现记忆宫殿其实非常强大，它可以帮助你轻松组织、储存并且调取大量信息。

| 44 | ———————————————————

记忆考试中需要用到的公式

背公式这件事听起来好像特别难，而且较为乏味，但事实可能并非如此。想要把任何记忆行为变得轻松又有趣，关键在于发挥想象力。本节我们将学习如何记忆 GRE 及其他考试中的常用公式。花一点时间来记忆这些公式，恰恰可以帮你节省很多时间，而且有助于你取得较好的学习效果。

请记住，大脑喜欢图像，而且可以轻松回忆图像。因此我们可以通过联想把所有信息都转化成有关图像，然后把这些图像串联成足够独特的便于记忆的故事或者电影。

技巧：项目互动

使用这种技巧，你需要把公式所包含的各个项目转化为图像，然后发挥想象力，让它们在你的大脑中互动。一个你可能已经知道且比较简单的公式是圆的面积：$A = \pi r^2$。

你是怎样记忆这个公式的呢？ A 来自英文 "area"，代表面积。π 的发音为 "Pi"，类似于英文中的 "pie"（馅饼），由此你可以把它想象成自己喜欢的馅饼。r 代表半径，你可以根据首字母把它想象成老鼠（rat）或者机器人（robot）。考虑到这个公式里有乘法运算，你既可以通过公式本身来进行理解记忆，也可以利用图像来记忆，比如公式里的两个项目靠在一起。对于整个面积公式，你可以想象一个馅饼（π）上有两只老鼠（r），其中一只老鼠坐在另一只老鼠的肩膀上（r^2）。你也可以通过其他方法来记忆平方运算，或者不去进行特别记忆——自然记忆会帮助你补齐这部分信息。

具体操作方法

第一，充分理解公式所代表的含义。记忆与理解之间存在很大的差别，而项目互动的技巧可以帮助你快速学习并理解公式。

第二，把公式写下来，为公式中的各个项目赋予特定的含义。

第三，把各个项目转化为图像，然后让项目之间产生互动。

第四，回顾整个互动过程，增添细节。

圆周长公式：$C = 2\pi r = \pi d$

圆周长 C 等于 π 乘以两倍的半径 r，或者 π 乘以直径 d。

这里可以想象一下：一个馅饼（π）盖住了两

只老鼠（rat），或者一个馅饼（π）盖住了一颗钻石（diamond）。

距离公式：$d = rt$

距离 d 等于速度 r 乘以时间 t。

那么我们可以把它想象成我们自身与一只老鼠之间的距离。

一些题目可能会给出距离（d）与时间（t），要求计算速度（r）。于是这里的公式就变成：$r = d/t$。

我们可以把这个公式理解成：与狗（dog）比较，老鼠（rat）可以用多快的速度越过栏杆（/）抵达火鸡（turkey）那里。

三角形面积公式：$S = \dfrac{1}{2} bh$

三角形面积（S）等于底边（b）乘以高（h）除以2。

这里你可以想象往三角形里塞进多少东西。例如，你往三角形里塞进了半根（$\dfrac{1}{2}$）香蕉（banana）和一个汉堡（hamburger）。

使用项目互动技巧来记忆公式看起来有点像作弊。不过，这种技巧的本质在于发挥想象力辅助记忆，使学习与应用公式的过程变得容易一些。它可以帮助你提升面对考试的信心。

——————————————————

记忆课程表

　　每个新学期通常都会有新的课程表。如果课程不多的话，一般问题不大。但是如果除了几门课之外，还有实验安排、工作日程，以及其他重复性事件需要记忆，那么这个时候你就需要用到一些记忆技巧。为了达到最佳效果，这里建议你创建一个属于自己的记忆系统。如果你觉得示例中的星期记忆系统还不错，也可以在此基础上进行修改或者直接拿来用。

技巧：星期记忆系统

　　这种技巧由几个部分组成。当你在应用这种技巧的时候，一个小型的学习曲线会随之出现，而它第一眼看上去可能会有点难。不过，如果你需要快速记忆排得满满当当的课程，那么，这里的技巧将帮助你有效节省时间与精力，还能让你避免因忘记课程而面临的尴尬局面。

　　在这里，我们需要把每一天需要记忆的内容都转化成便于记忆的图像。就具体的图像中的形象而言，我推荐使用与当天有关的人物或者其他角色。至于一天之中的具体时间，我推荐采用曾经提到过的数字系统进行记忆，比如数字押韵系统（参见第17节）、简易系统（参见第13节）、基本系统（参见第18节），或者MOST记忆法（参见第11节）。另外，你也可以把一整天划分成几个不同的时间段，比如早晨、上午、中午、下午、傍晚和晚上等，与此同时将各个时间段分别对应于一种图像。然后，把与课程表上各项安排有关的图像分别串联成便于记忆的故事。

具体操作方法

第一，列出包含一周7天的表格，把每一天都分别想象成特定的角色，组成自己的记忆系统。

日期	相近词	转化图像
周一（Monday）	月亮（Moon day）	宇航员
周二（Tuesday）	数字二（Two's day）	两岁的小孩正在哭闹发脾气
周三（Wednesday）	婚礼（Wedding day）	穿着白色婚纱的美丽新娘
周四（Thursday）	雷神托尔（Thor's day）	持有雷神之锤的托尔
周五（Friday）	油炸（Fry day）	围着沾满油腻的围裙制作油炸食品的厨师
周六（Saturday）	土星（Saturn day）	外星人
周日（Sunday）	太阳（Sun day）	太阳的动画形象

第二，挑选一种数字记忆系统用来记忆各项课程安排的具体时间。比如，你第一堂课的时间是上午9：00，那么可以把早餐吃的食物作为提示，然后你的自然记忆会自动补充关于9：00涉及的具体细节。如果你发现想象早餐对自己没有效果，或者你需要一些包含具体数字的图像，那么可以想象一只猫（传说猫有9条命），然后把猫的图像与具体某一天的图像关联起来。

第三，查看一下课程表，把各项课程安排分别转化成富有创意的图像，串联成故事，然后增添一些比较夸张的细节。

周一（宇航员）		
上午 10：00	生物化学	宇航员正在与一名十分完美（10）的模特一起把试管中的液体倒入烧杯
下午 1：30	解剖学	宇航员正在检查人体各个部位，而他身后的电视显示你最喜欢的球队以1：30的比分输掉了比赛
下午 4：00	餐厅打工	宇航员正在你打工的餐厅里打高尔夫球 [1]（4）
晚上 8：00	学习小组 讨论	宇航员正在与一只八条腿（8）的章鱼一起学习

---

[1] 高尔夫球手会呼喊"fore"，以表示前面的人让开，后面有人要击球。而"fore"与"four"同音。——编者注

周二 （两岁的小孩）		
上午 11：15	实验	小孩花了11.15美元进入实验室玩试管
下午 3：00	微积分	小孩骑着一辆三轮车 （3）从一部计算器上碾压了过去
下午 5：30	餐厅打工	小孩正在你打工的餐厅里到处乱跑，总共奔跑了5.3千米

这种记忆系统最难的部分在于创建图像。一旦你开始使用，它就会潜移默化地影响你，起到防止你遗忘课程的作用。

| 46 |

取得解剖学与生理学课程的优异成绩

你在学习解剖学和生理学？如果你在学习这两门课程，大可不必慌张，本书提到的一些记忆技巧完全可以应用到这两门课程之中。前文第33节详细介绍了如何使用 CAR 记忆法学习外语。在这里，我们可以把外语单词替换为课程中提到的定义、人体机能的意义或者其他内容，然后像学习外语那样学习生物，进而在这两门课程中取得优异的成绩。

技巧：转化与关联

CAR 记忆法的主要内容包括转化、关联与重复。我们可以把外语单词、单词前缀、单词后缀，或者人体部位等信息转化为图像，然后把有关的定义、意义或者其他细节也转化成图像。接下来，把上述图像关联起来，组成便于记忆的故事。转化与关联要尽量夸张，这样我们的大脑才可以很好地记忆那些奇怪、不合常理、尺寸过大、色彩鲜艳，甚至有些愚蠢的细节。最后，回顾整个图像和故事，通过 CAST 记忆法（参见第 8 节）增添一些细节。

大多数信息其实都可以通过阅读教材、听讲座或者做家庭作业等方式储存到记忆中，但还有一些信息你可能无法通过有关学习策略、FIT 记忆法（参见第 28 节）或者自然记忆来进行记忆。这个时候，CAR 记忆法就可以发挥作用了。

具体操作方法

第一，把课程内容的各个部分转化为图像。比如，你需要记住"medial"这个单词，其意思是"靠近人体中线"。这个时候你可以把"medial"拆成"me"（我）和"dial"（打电话），然后想象一根电话线穿过了自己身体的中央位置，以此来记忆"靠近人体中线"的含义。

第二，通过奇特的方式把两种图像关联起来。想象一下这根电话线穿过你腹部的位置还附带一个拨号键盘，你用这个键盘来拨打电话。这样一来，"我打电话"和"靠近人体中线"之间就建立了关联。

第三，回顾，增添细节。这根电话线是什么颜色的？是粗还是细？想象一下每次拨打电话都会触碰到自己的身体，你会不会因此感到痒呢？闭上眼，发挥想象力，并增添有关细节。

新陈代谢 合成代谢与分解代谢的过程

合成代谢是指较小分子合成更大且更复杂物质的过程。分解代谢是指把较复杂的物质分解为结构更简单且质量更小的分子的过程。

（1）把以上定义涉及的名词分别转化为图像：

新陈代谢（Metabolism）。可以被转化为纽约大都会队（New York Mets）。想象一下这支棒球队正在进行棒球训练。

合成代谢（Anabolism）。可以被转化为一个苹果（an apple）、安娜（Anna）或者香蕉（banana）。因此，你可以想象：一根香蕉在玩球，球在地上滚动的时候沾上了各种碎屑，变得越来越大，结构也越来越复杂。

分解代谢（Catabolism）。你可以想象一只猫（cat）

在玩球（ball）。猫把球撕碎之后，整个球分解成了比较小的碎片。

（2）通过链条记忆法（参见第36节）把几个单词关联起来。比如把玩球的香蕉与玩球的猫串联成完整的故事：纽约大都会队非常热衷于棒球竞技，于是委派猫和香蕉把棒球运动带到了纽约。

（3）增添细节。比如，想象一下这只猫有橘色的皮毛，体型像一只老虎；再想象一下这根香蕉通体蓝色，身高与一根球棒相当。这样一来，猫和香蕉身上的颜色就与纽约大都会队的主题色非常协调。

| 47 | ————————————

记忆食谱

不知你是否有过这种体验：自己很喜欢烹饪与烘焙，却离不开烹饪书籍上的食谱。努力记忆食谱吧，即使你不是一名专业厨师，记忆食谱也同样会使你的生活变得更加轻松自如。首先，你需要确定自己的需求。你是否记得食谱的大部分内容，却容易忘记特定的部分或者剂量呢？你是否需要记住所需食材，以便于采购？你是否需要记忆从食材到剂量的所有内容？这些问题的答案可能也会依据食谱类型的不同而产生差别，比如，烘焙蛋糕与做一顿晚饭之间肯定存在差异。无论如何，本节所介绍的记忆技巧都可以帮助你轻松记忆食谱。

技巧：食谱记忆系统

食谱记忆系统可以被用来记忆各种不同食谱类型所涉及的调料剂量与烹饪步骤。你可以直接采用我在示例中提到的记忆系统，也可以改进之后再加以应用。食谱记忆系统要求我们把调料剂量转化为图像，比如：

1 杯 [1] → 拳头或者手（与 1 杯的剂量大致相当）

1/8 杯 → 拿着茶杯的章鱼（8 条腿）

1/4 杯 → 25 美分硬币（1/4 美元）、夸特马（善于短距离冲刺，参与 1/4 英里 [2] 比赛）

1/2 杯 → 被垂直切成两半的杯子

1/3 杯 → MP3 播放器、3D 眼镜

3/4 杯 → 三轮车（一般汽车有 4 个轮子）、3 只小猪（每只小猪有 4 条腿）

---

[1] 在美国，1 杯为 240 毫升。——编者注

[2] 1 英里 =1609.3 米。——编者注

1茶匙 [1] → 食指（与1茶匙的剂量大致相当）

1/8茶匙 → 拿着茶匙的章鱼

1/4茶匙 → 房子（有4面墙）

1/2茶匙 → 和平手势（竖起2根手指）

3/4茶匙 → 金字塔（侧面为三角形，底部为四边形）

1汤匙 [2] → 拇指（与1汤匙剂量大致相当）

1/2汤匙 → 勺子上有一个洞

你可以直接应用上述示例中的图像，也可以自行把相应剂量转化为便于记忆的图像。如果你经常使用的剂量没有出现在上述举例中，那么可以自行把相应剂量转化为图像，或者采用与烹饪有关的其他图像（比如锅铲）进行记忆。另外，关于煎、炒、烹、炸、煮、炖之类的烹饪流程，同样需要转化成图像。这里的图像需要简单一些，以便于记忆。

具体操作方法

第一，拿出自己想记住的食谱。

第二，把食谱通读两遍，然后闭上眼回忆一下，看看自己有没有记住。同时，找出比较难记忆的部分。

---

[1] 在美国，1茶匙为5毫升。——编者注
[2] 在美国，1汤匙为15毫升。——编者注

第三，参考上文提供的记忆系统，或者你自行创建的记忆系统，把记不住的部分转化为图像。

第四，选择一种数字系统用来记忆调料的剂量，比如，把"2杯"转化为由一双鞋子（2）与拳头（杯）组成的图像。

第五，通过链条记忆法（参见第36节）把烹饪步骤及有关图像串联起来。

第六，回顾一下整个食谱，为自己串联出的故事增添细节。

第七，凭借记忆做一下这道菜，尽量不去看食谱。强迫大脑自行回忆可以起到巩固记忆的作用。

第八，享受美味。

食谱记忆系统看起来可能有点复杂，但着手实践的时候你就会发现它其实很简单。这种系统需要用的图像数量不多。感觉示例提供的图像效果不好的话，你也可以自行选择便于记忆的图像。试着用食谱记忆系统记一下自己平时记不住的食谱，最终你会收获满满的成就感。

48

记忆台词

登台表演并收获掌声与喝彩，是一种非常绝妙的体验。然而，很多人都会害怕忘记台词。这种恐惧会让本可以成为大明星的表演者黯然失色，并且使其在表演过程中感觉到痛苦。现场表演其实是一场针对压力之下的记忆能力的重大考验。我们确实可以付出大量的时间与精力，通过死记硬背的方式记住台词。不过，本节提出的以下技巧可以帮助你快速记住台词，为你省出时间来打磨现场表演能力。

技巧：找出问题所在

值得庆幸的是，很多舞台剧中的台词通常都具有特定含义与逻辑，而且故事情节、情感与特定角色融为一体。阅读台词可以使我们自然而然地开始想象有关情景，而熟悉情景又可以反过来帮助我们记忆台词。所以，记忆台词的第一步就是阅读台词，与此同时想象一下有关情景，试着理解自己所扮演的角色为什么要说这些话。另外，还要留意一下哪些台词比较便于记忆。

接下来，使用技巧帮助自己记忆比较难记的台词。记不住台词的原因通常在于场景转换之间的提示较少、某些对话比较微妙，或者有个人独白等。本节内容所提到的技巧可以帮助你快速记忆台词并镇定自若地进行表演。另外，这里的技巧还可以帮助大脑储存一些提示信息，预防忘记台词情况的出现，为整场表演保驾护航。

具体操作方法

第一，阅读剧本，对自己需要表演的角色进行分析。这里需要识别比较难记忆的台词和表演段落。

第二，通常来讲，大脑所需要的其实只是一个正确的开端。因此针对某个场景中的第一句台词、容易出问题的段落或者需要记忆的大段台词，你可以把前几个字转化为图像，并将其添加到这场表演的有关场景中。以莎士比亚创作的戏剧《罗密欧与朱丽叶》为例：

亲王出场并念出一段很长的台词。在这里，我们可以把台词的前几个字分别转化为图像，然后把图像串联起来储存在大脑中，作为各部分的有关提示。

"目无法纪的臣民，扰乱治安的罪人"：从台上选出一名演员，把他想象成自己最喜欢的反派人物。

"你们的刀剑都被你们邻人的血玷污了"：想象一下吸血鬼伯爵德古拉吸食了自己邻居的血液，血液溅到了他的刀剑上。你可以把台上的另一名演员想象成德古拉。

"他们不听我的话吗？喂，听着！你们这些人，你们这些畜生"：再挑出一名演员，想象他正在发布自己的遗言。

"你们为了扑灭你们怨毒的怒焰"：想象一下有人正在用火堆烤一块肉，油脂滴在火堆上"吱吱"作响。

第三，脱离上下文进行记忆。请一位朋友或者舞台搭档配合一下，从剧本的所有内容中随意挑选一句在你台词之前的台词，并大声读出来。这种方式可以强迫你的大脑脱离上下文进行记忆。

第四，倒背台词。这里指的是颠倒台词顺序进行倒背，并非逐字倒背。从剧本的结尾开始，反向逐个回忆各部分内容。与搭档一起进行反向练习可以为你的大脑创建记忆台词的多种路径。

第五，着重练习转场部分。专业音乐家有时候会着重练习困难部分的前几个音符，以增强对细节的把控能力。同样，你也可以针对转场或者自己不容易记住的台词进行重点练习。

第六，挑出自己记不住的某一句台词，把各个单词的第一个字母写下来。这种方法可以用来检测自己是否能够准确记起整个句子的组成部分。比如"目无法纪的臣民，扰乱治安的罪人"（Rebellious subjects, enemies to peace）这句台词，你可以写下"R-s-e-t-p"，然后利用这些提示性字母来辅助记忆。

以上这些技巧可以帮助你在舞台表演中一举成名。当你成名之后，请记住那些曾经帮助过你的人（比如我）。

48

| 49 | ───────────────────────────────

记忆宗教经文

如果你拥有宗教信仰，可能会需要背诵宗教经文。有些人喜欢死记硬背，逐字逐句反复阅读。在背诵的同时，他们会通过这种方法来体会经文所讲述的内容；有些人则会通过一些技巧进行快速记忆，然后在通勤、散步或者手头没有书的其他情况下回顾并细细品味其中的内容。

技巧：利用开头几个词进行记忆

记忆宗教经文的方法其实很简单。首先，看一下自己是需要对有关段落逐字逐句地进行记忆，还是需要通过简单的提示（比如开头几个词）来记忆整段内容。另外，你可能会需要特别记忆那些容易记错的词。接下来，看一下自己是否需要记忆段落、章节或者诗句的序号。如果需要记忆序号的话，这里推荐使用基本系统（参见第18节）。基本系统可以帮助我们把序号与开头词语的图像快速关联起来。

具体操作方法

第一，阅读经文，发挥创造力把文字内容转化为故事。与此同时，把关键词转化为图像作为辅助记忆的线索。比如：

新国际版《圣经·雅各书》第1章第2节

原文：Consider it pure joy, my brothers and sisters, whenever you face trials of many kinds.

译文：我的弟兄们，你们落在百般试炼中，都要以为大喜乐。

对此，我想象我的兄弟姐妹围成一圈，他们一起看着一台损坏的电脑（trial and IT），脸上都洋溢着纯粹的喜悦。其中一个人低头看了眼手表上的时间（whenever and face），正在这个时候，一位善良的法官走了进来（trials of many kinds）。

通常情况下，段落开头的几个词就足以帮助你回忆起整个段落。如果你无法想起段落开头，就可以把开头的几个词转化为有关图像。比如，开头第一个词"consider"，你可以据此想象法官是罪犯（convict）的保姆（babysitter，作为 sider 的提示词）。

第二，在上一步中，经文段落的主要内容已经被转化为图像，这些图像可以作为提示帮助你回忆起已经逐字逐句学习过

49

的内容。此时，你的大脑中可能已经保存了有关图像，接下来你需要为图像增添一些细节，或者体会一下经文段落所提到的情景。

第三，当你逐字逐句学习某一经文段落的时候，先把内容通读3遍，然后闭上眼进行自我测试。这里你需要留意一下自己记住了哪些内容、忘记了哪些内容。遗忘个别词语的现象很常见，在这种情况下，你应该把容易忘记的词语转化为图像，然后将其与该段落的主要图像关联起来。

第四，为了回忆起经文段落内容，你可能还需要把一些次要词语转化为图像。你可以在记忆内容的时候对这些词语进行转化，也可以事先把一些常用词语转化为图像。以下转化方法可供参考。不过，这里提到的转化方式属于我个人的记忆系统，其中包含根据押韵的转化、单词外形相近的转化，以及其他比较随意的转化，它们对你来说可能无法完全适用。请自行调整、修改之后再使用。

单词	图像
The	tea（茶、茶杯或者茶包）
An	nun（修女）
And	Andy（安迪）或者 nod（点头）
That	bat（球棒、蝙蝠）
In	inn（旅馆）

单词	图像
He	一般意义上的男性或者特定男性形象
For	Fore（高尔夫球运动中的提示语"看球"）
To	物体移动的动作、方向，或者根据押韵转化为 shoe（鞋子）

第五，学习基本系统的有关内容，记忆经文段落中的数字。基本系统可以帮助你很轻松地把数字图像与经文段落的图像关联起来。

第六，参考第48节"记忆台词"的有关内容，通过与他人合作等方式巩固记忆。

本节所介绍的记忆技巧在帮助你巩固记忆的同时，也可以让你的信仰更加忠诚。

| 50 |

如何成为一名记忆运动员

为什么会有人想成为记忆运动员呢？你可能会觉得，一群人坐在一起记东西听起来就很无聊。我完全可以理解这种想法，但是请耐心听我进行说明。参与记忆竞技项目，其实类似于参加5千米长跑比赛或者加入全球联盟，可以提升我们的健康水平，只不过它指的是大脑方面的健康。而且参与记忆竞技项目还可以遇到很多志同道合又非常有趣的人。成为一名记忆运动员还有许多其他好处，比如：

（1）极大地改善日常记忆能力。

（2）提升专注力与抗干扰能力水平。

（3）整个过程出人意料地非常有趣。

（4）大家会因为你参加了记忆竞技项目而把你当成天才。

（5）与其他想要改善记忆力的人建立了深厚的友谊。

因此，请以一种开放的心态阅读本节内容。我期待今后能够与你一同参赛。

技巧：稍加练习

通过阅读本书，你已经学到了各种不同的记忆系统、方法与技巧。作为一名业余记忆运动员，所要做的无非就是日常利用这些记忆工具进行练习。而试图改善记忆力的普通人与记忆运动员之间的唯一差别，仅仅在于练习的量。

　　记忆比赛通常包含4~10个不同的竞技项目。告诉你一个好消息：通过阅读本书，你其实已经获得了参与比赛的资格，并且掌握了要想在比赛中表现良好所需要的绝大多数信息。

　　本书并没有详细介绍帮助你记住一副纸牌或者一大串二进制字符的记忆系统或具体方法。不过，只要对记忆技巧与记忆宫殿（参见第35节）等工具多加练习，你也可以记住大量信息。请记住，记忆大量信息不能靠死记硬背，而是应该把有关信息转化为奇特或者有趣的图像，使之串联成故事。记忆比赛中的常见竞技项目包括：

　　（1）姓名与面孔。记忆世界各地不同人的姓名与长相。

　　（2）随机数字。在1分钟内记住80位数字，在5分钟内记住600位数字，或者在长达1小时的时间内记忆几百个数字。

　　（3）扑克牌。在5分钟内记住一副洗好的扑克牌的顺序（或者尽可能多地记住一副牌里的内容），在1小时内尽可能多地记住几副牌的内容。

　　（4）二进制数字。在30分钟内记住一连串二进制数字，比如100110110001101011001……

　　（5）随机单词。在15分钟内记住几行单词。

　　（6）口述数字。电脑语音每秒读出一个随机数字，参赛者只能听，不能看，也不能把数字写下来。这是我最喜欢的比赛项目，我曾经以112位数字和150位数字的成绩连续两年在比赛中创下全美纪录。

（7）随机图像。参赛者将看到一些随机场景图片，其中包括日落、鸟、桥、公路、鲜花、气球等，通过观看记住图片的顺序。

具体操作方法

第一，在这里推荐两个网站：Memoryleague.com 和 Memocamp.com。这两个网站一直致力于为人们提供记忆运动员级别的记忆训练。

第二，先从记忆姓名与面孔的训练开始。这方面的记忆能力在现实生活里是非常实用的，而且不要求使用记忆官殿或者其他特定记忆技巧。

第三，创建至少3个记忆官殿，每个记忆官殿包含10个记忆位置。然后通过用记忆官殿储存信息的方式练习记忆随机图像或者随机单词。

第四，每周练习几次，享受一下迎接挑战与取得成就所带来的快感。

第五，挑选并参与一种记忆竞技项目。上文推荐的网站——Memoryleague.com，提供在线竞赛功能，在家里你就能参加比赛。比赛时间最短只有4分钟。

第六，想了解有关记忆竞赛的更多内容，或者查看比赛项目，请访问网站 http://www.iam-memory.org。

第三部分 ————————

工 作

———————————————————————

通过上述介绍，你已经了解了记忆技巧的强大之处。本章接下来的内容将为你介绍如何给同事、部门经理、老板或者客户留下深刻印象。即使你没有在做朝九晚五的工作，我也仍然建议你读一下本章的内容，把其中所包含的记忆技巧应用到工作场合以外的其他生活场景之中。

有助于取得商务与销售成功的记忆习惯

我们每个人都有属于自己的习惯。但关键在于这些习惯是会帮助我们达成目标，还是会阻碍我们进步。你身边可能有一些思维敏捷又掌握大量信息的同事，这些同事经常会给周围的人留下深刻的印象，令我们自愧不如。其实，一旦养成良好的记忆习惯，你也可以像他们那样表现得令人惊艳。

这些记忆习惯可以在日常生活中增强我们的思维能力，同时还能为我们提升记忆力水平。

技巧：备份重要的记忆

我平常喜欢把事情的重要细节记录下来。你可能会感到奇怪，为什么在有关记忆技巧的书里，我会提出这样的做法。我的想法是，工作非常重要，不能只靠记忆。记忆是我们用来记录事情的主要工具，不过，假设事情与我们自己或者客户的金钱有关，就非常有必要采用另一种方法对这件事情进行备份。

我们一般都会为电脑里的重要数据备份，因此也应该为大脑里的记忆备份。

接下来，我要提3条技巧：一是清理大脑；二是使用清单；三是降低压力水平。这些技巧可以帮助我们的大脑回顾重要信息、清理无用信息、整理思维，进而释放心理压力。我们将通过以上3种技巧来培养良好的记忆习惯。

具体操作方法

第一，清理大脑。把大脑里有关客户的重要信息提取出来，交到负责客户关系的经理手中、储存到数据库里、记录到会议纪要中，或者写到日志里。这些做法对于我们自身来说大有裨益。用笔或者用键盘写下信息，可以提醒我们的大脑特别注意这些非常重要的信息。我们曾经在业务流程中接触过或者与客户一起研究过这些记忆素材，而现在又把这些内容进行归档，那么我们的大脑就会觉得"这些内容非常重要"。

我们应该针对不同的工作内容采用不同的记忆方法，而且每天工作结束之后都应该把重要的细节记录下来。如果实在太忙或者不喜欢书写，那么可以与自己的同事或者合伙人讨论一下这些重要信息，也可以在下班回家的路上默默回顾一下当天的工作内容。

第二，使用清单。飞行员即使已经重复飞行了几千次，也仍然会使用清单。我们的工作同样涉及很重要的内容，因此创建一份清单对我们来说是必要的。清单可以帮助我们的大脑集中注意力。有趣的是，清单同样可以为我们的大脑腾出空间去记忆那些我们可能遗漏的内容。另外，为了避免遗忘重要信息，大脑会重复审核各类细节；而有了清单，它就可以帮助我们降低压力水平，维持稳定的情绪。

第三，降低压力水平。有意识地降低压力水平并照顾好自己的身心健康，可以帮助我们有效改善生活质量。然而，很少有人能够坚持去做有益身心健康的事情并养成习惯。我们可以挑出一件事情写在自己的日历上，无论是瑜伽还是柔术都可以。但是我们经常会拖延，把事情拖到明天或者以后去做，久而久之，这种拖延反而会给我们带来心理压力。那么，此时你可以参考一下第26节介绍的鱼叉记忆法，激励自己马上着手去做。

对于经商或者从事销售工作的人来说，鱼叉记忆法里的惩罚机制特别有效。你可以拿出一笔数目可观的现金，然后附一张纸条，并在纸条上写上"感谢你在工作中的出色表现"。把现金和纸条放进一个信封里，在邮寄地址处写上自己非常讨厌的公司或者机构的地址，然后把这个信封交给自己信得过的朋友，告诉他如果你没能完成任务（比如没有做到1个月内上4次瑜伽课，或者跑步总量没有达到特定里程数），就把这个信封寄出去。你也可以拿出数额较少的现金，督促自己完成每周的任务或者按时进行特定的活动。这种方法可以起到激励作用，但是注意不要适得其反，即给自己带来一定的心理压力。

——————————————————

记忆电脑操作快捷键

    高效的记忆力可以帮助我们节省时间、提升效率。记忆快捷键看起来似乎没那么重要，但是考虑到我们在操作电脑时一般都会花费大量时间，而当每次使用快捷键时就会节省一些时间，最终节省的总时间会非常可观。尤其在使用快捷键较多的软件时，省时效果会特别突出。很多视频、图片或者音频的编辑软件，以及数据库与编程软件，都会涉及快捷键的使用。

    使用本节技巧记忆快捷键，可以在节省时间、提升工作效率方面取得立竿见影的效果。你可以把这种技巧当作一种短期方法，快速提升自己使用电脑键盘的技能水平。另外，你也可以通过这种技巧来长期记忆那些不常用到的快捷键。

技巧：省时记忆系统

    电脑快捷键主要是通过按住某些主要按键（比如 Control 键或者 Shift 键），再按住某些字母键或者符号键来实现快捷操作的。字母键与符号键通常都具有特定含义，比如"Control 键 +F 键"为启动搜索功能，F 键代表"Find"（寻找）。因此，接下来我们将通过把主要按键转化为图像来记忆快捷键。如果记不住，你也可以通过字母图像系统（参见第12节）把按键转化为其他图像，以巩固记忆。

具体操作方法

第一，把各个主要按键转化为特定图像。以下是我个人使用的转化方法：

Windows 操作系统（PC）	图像
Control 键	与"contrail"（轨迹）发音类似，想象一名飞行员
Shift 键	按住该键可以把小写字母切换为大写字母，想象一名巨人
Function 键（F1键、F2键等）	"Function"一词开头为"Fun"（乐趣），想象一些比较有趣的画面；另外，"Function"发音与"Luncheon"（午宴）比较接近，想象一下与厨师或者餐盘有关的图像
Windows 键	想象一下比尔·盖茨或者一扇窗户
Alt 键	根据发音相似，想象一只猫头鹰（Owl）；根据字形相近，想象一只蚂蚁（Ant）或者一台交流发电机（Alternator）

苹果操作系统（Mac）	图像
Shift 键	按住该键可以把小写字母切换为大写字母，想象一名巨人
Command 键	"Command"一词具有"命令"的含义，想象一名将军或者其他军事指挥官
Control 键	与"contrail"（轨迹）发音类似，想象一名飞行员；另外，这个按键的花型图标会让我想到王冠，因此也可以想象一位国王
Option 键	"Option"这个词会让我想到"Operation"（手术），因此想象一名外科手术医生；另外，一些键盘的 Option 键会有一个看起来像滑梯的图标，因此可以想象一个玩滑梯的小孩

第二，想象一下快捷键的具体功能，把与其组合使用的字母键转化为图像。

第三，通过字母图像系统，把主要按键的图像与其他按键（有时需要与两个按键组合使用）的图像结合起来。或者在主要按键的图像上添加其他按键的图像，然后串联成一个小故事，再把这个故事与快捷键的具体功能关联起来。这种方法有时候会更便于记忆。比如：

功能	操作系统	快捷键	图像
快速切换到电脑桌面，最小化所有窗口	Windows操作系统（PC）	Windows + D[1]	比尔·盖茨（Windows）一把清掉了你桌面（Desk）上的所有东西
	苹果操作系统（Mac）	Command + H	一名将军（Command）把你屏幕上的所有东西都藏（Hide）了起来
打开表情符号图标	Windows操作系统（PC）	Windows + 句号	比尔·盖茨（Windows）的手指按到了一枚图钉（形状像句号），脸上露出了痛苦的表情
	苹果操作系统（Mac）	Control + Command + 空格键	一名飞行员（Control）与一名将军（Command）飞到了太空（Space），脸上露出了各种表情
无格式复制粘贴	Windows操作系统（PC）	Control + Shift + V	一名飞行员（Control）和一名巨人（Shift）正在驾驶一辆货车（Van），货车上写满了"不包含任何特殊格式"的文字
	苹果操作系统（Mac）	Shift + Command + V	一名巨人（Shift）和一位将军（Command）正在驾驶一辆货车（Van），货车上写满了"不包含任何特殊格式"的文字

52

在把快捷键转化成图像的过程中，使用几个最基本的图像即可。这种方法可以帮助我们快速记忆大量快捷键。

---

[1] 原文为 Alt + F，疑似有误或者出于操作系统差别。——译者注

> **小贴士："我怎样才能记住这件事？"**
>
> 每当你遇到自己想记住的东西或者事情时，就问一下自己："我怎样才能记住这件事？"提问不仅可以有效帮助我们集中注意力，还可以帮助我们进一步思考应该使用哪种记忆系统、方法或者技巧，以即时改善记忆效果。

| 53 | ————————————

快速记忆大量全新信息

一份新工作可以为我们带来兴奋感和压力感，与此同时也会为我们带来记忆力方面的全新挑战。投入新工作之后，我们需要记住很多新的人名、新的工作流程，以及其他全新信息。在这里，一些记忆技巧可以派上用场，帮助我们缩短学习与记忆的时间。毕竟，本书的主题是"通过记忆，一切皆有可能"。超强记忆并不神秘，甚至不难达成。让自己的大脑运转起来，并应用我们提到的记忆技巧，你的新同事、新领导将很快为你的记忆能力而感到惊讶。

技巧：选择最合适的记忆技巧

目前为止，你所学到的记忆技巧已经足以帮助你在全新工作环境下快速学习并惊艳所有人。根据工作场合的共同特点，你可能需要用到下面章节中提到的技巧：

（1）记忆姓名（第5节）。

（2）记忆客户与同事的个人信息（第61节）。

（3）记忆整本书的内容（第29节）。

（4）记忆一连串信息（第36节）。

（5）记忆演讲与陈述内容（第55节）。

另外，你还可以回顾一下第2节"清晨记性好"和第10节小贴士"利用刷牙时间进行回顾"的内容，为自己入职之后的一段时间做好准备。

53

具体操作方法

方法一

第一，让自己的自然记忆能力充分发挥作用。使用相关技巧激励大脑记住比平时更多的信息。

第二，与自己的大脑共同协作，不要妨碍大脑正常运转。这里比较容易做到的是保证充足的睡眠、合理膳食，以及适当锻炼身体等。更重要的是，你需要控制好自己的压力与注意力水平。回顾一下前文讨论有关主题的章节内容，特别是第30节"让大脑做好应对考试的准备"中的内容。这些内容可以帮助你学会如何在压力较大的情况下放松。毕竟，一份新工作会带来压力，入职之后的每一天都感觉可能是考试日。

方法二

你可能会发现，总有那么一个人的姓名特别难记，总有某个工作流程很容易被遗漏甚至让人无法理解，或者总有一些无法准确把握的工作细节。当你遇到上述情况的时候，就可以使用 CAR 记忆法（参见第33节）。

第一，把难记的各类细节转化为奇特又夸张的图像。把这些图像的尺寸进行放大，同时添加色彩与动态。

第二，把各种图像关联起来，比如将某个问题与相应答案关联起来，或者把姓名与面孔关联起来。另外，你也可以使用记忆宫殿（参见第35节）。在使用记忆宫殿的过程中，你可以为自己创建一座用于短期记忆的宫殿，也可以为应对工作而专门打造一座用于长期储存信息的宫殿，比如把自己所处的新办公室或者新办公楼转化为记忆宫殿，储存与工作相关的图像。

第三，回顾图像，为各种图像建立关联，并增添细节。在投入新工作的初期阶段，你可以每天用吃饭或早晚刷牙的时间回顾两三遍那些重要的图像，直到形成长期记忆为止。

54

扩充词汇量，取得职场成功

词汇量与我们自身息息相关。在正确的场景中使用恰当的词语，不仅可以给他人留下良好的印象，还能提升沟通效率。然而，一旦你使用了不恰当的词语或者发音不准确，就会让自己陷入十分尴尬的境地。我至今仍然记得，当我把 "epitome"（缩影）一词读成"ep-i-tome"的时候，对方看着我就好像在看一个笨蛋。本节内容所提到的技巧可以帮助你有效扩充词汇量，让你在工作场合中脱颖而出。

技巧：CAR 记忆法与词汇量

扩充母语或者外语的词汇量的方法，从本质上来说是相同的。这里我们将再次使用 CAR 记忆法（参见第 33 节）。首先，把词语及其词义转化为图像；其次，把这些图像关联起来；最后，进行回顾与重复，并补充细节。

在这里，我推荐你使用那种每一页都有新词汇的日历，然后每天持续补充词汇量。如果你找不到这种日历，也可以到网络上找一下必备类型的词汇表，然后使用 CAR 记忆法每天记一些单词。相信不久之后，你就可以在他人面前树立起良好的记忆形象。

具体操作方法

第一，把单词及其词义转化为图像，有时可能需要着重留意单词的读法与发音。

第二，把这些图像关联起来。

第三，回顾，增添细节。

以下是几个示例：

Innate

词义：先天的；与生俱来的

发音：[i'neit]

例句：She has an innate talent for drawing.（她在绘画方面很有天赋。）

第一，转化。"Innate"发音与 "in eight"相同，可以想象一下章鱼的身体构造（8 条腿）。该词是指在绘画、音乐等领域所具有的天赋，或者容易为自身招惹麻烦的其他特质。

第二，把词义与发音关联起来。一名极具天分的年轻画家正在画一幅画儿，作品内容为一名被章鱼抓住手腕的潜水员。

第三，回顾，增添细节。

Egregious

词义：极糟的；严重的

发音：[I'gri:dʒiəs]

例句：He made an egregious error when he served steak to the vegetarian.（他犯了一个严重的错误，即给素食主义者端来了一份牛排。）

这里应该着重在单词的词义与发音的图像方面发挥一下想象力。如果可以快速将其转化为图像，我们就可以省去不必要的步骤。

第一，转化与关联。根据单词开头的"i"发音，我们可以联想到对着牙医露出门牙的动作；"gre"有点像"green"（绿色）；"gious"可以让人联想到"just"（仅仅）。那么，我们就可以想象这样一种场景：病人对着医生露出门牙，他的牙齿上沾满了绿色不明物，医生仅仅看了一眼就指出病人的牙齿出现了很严重的问题。

第二，回顾，增添细节。比如我们可以添加一些对话，想象一下病人对医生说："大夫，这还只是我牙齿的一部分情况。"

通过 CAR 记忆法来记忆单词不仅生动有趣，还能帮助你在事业方面取得良好的进展。如果你可以找到朋友或者兴趣小组一起记忆单词，那么整个过程会更加轻松。你可以听听别人是怎样把单词和词义转化成图像的，相信这会非常有趣。

| 55 | 记忆演讲与陈述内容

对于很多人来说，公开讲话堪称最恐怖的事情之一。这种恐惧心理所带来的心理压力恰恰又容易让我们在讲话中出错。我曾经见到有人不慎掉落了自己精心准备的手稿或者提示卡片，有人忘记戴眼镜而看不清文字，有人苦练一番打算脱稿演讲却现场忘词。

其实只要让自然记忆发挥作用，再借助一些简单的技巧，我们完全可以做到脱稿演讲。想象一下自己信心满满地脱稿发表演讲的情景，现场听众必然都会为你散发出的魅力所折服。

技巧：把记忆宫殿应用到演讲之中

目前你已经学会了如何把词语和相关概念转化为图像。就记忆演讲内容而言，你同样可以把内容要点转化为图像，然后通过链条记忆法（参见第36节）把图像串联起来。不过，通过记忆宫殿（参见第35节）记忆演讲要点的效果比链条记忆法的更好。

在使用链条记忆法的时候，忘记其中一个环节将导致你遗忘接下来的所有内容；而使用记忆宫殿的时候，你则可以在忘记一部分要点的情况下继续完成其他部分。公开演讲一般都会给演讲者带来很大的心理压力，因此我们最好学会通过记忆宫殿来记忆演讲要点，并加以练习。总体而言，记忆宫殿可以更好地为演讲保驾护航。

55

具体操作方法

第一，创建记忆宫殿。这里的记忆宫殿应该有足够的空间来储存演讲内容所涉及的要点。记忆宫殿的结构不用过于复杂，只要你自己可以按照顺序轻松地想象出其中的各个存储位置即可。你可以在纸上标注一下各个存储位置的方位，作为练习时的参考。

第二，想象一下自己的家。你可以把房子的入口处作为第一个存储位置，在纸上先写下序号"1"，然后写下位置的具体方位"大门"。接下来，想象一下房子里的主要房间或者主要区域，将其作为第二个储存位置，同样把序号与具体方位写下来。

第三，按照上述方法，把各个存储位置布置到家中的各个方位。我个人比较喜欢按照顺时针方向布置，比如卫生间在左手边，厨房在右手边，那就把卫生间排在厨房之前。你完全可以按照自己喜欢的方式来布置，但布置的方式与顺序应该便于自己理解与记忆。在布置完成后，你应把序号和具体方法一一写下来。主要房间或者主要区域应该包含10~20个存储位置。考虑到有些房间比较大，你可以把它分割成两个不同的存储位置，比如把厨房划分为操作台与餐桌。

第四，写完各个存储位置之后，闭上眼回顾一下，看看自己能否按照正确的顺序把所有位置都在大脑里过一遍。如果回忆起来有困难就进行修改，然后再回顾。另外你需要注意，把存储位置串联起来的路径应该便于记忆，而且各个存储位置也应该比较明显。对存储位置的布置情况进行多次修改与回顾，直到你可以按照特定顺序在脑海中呈现出各个存储位置为止。

第五，按照在提示卡片上记录关键词的方法，把演讲内容的要点转化为图像或者其他线索。

第六，按照顺序把图像分别储存到记忆宫殿的各个位置中。选择本书提到的数字系统来记忆演讲内容中所涉及的数字细节，比如销量数据等，同样把这些细节储存到相应位置。

第七，完成储存之后，再次回顾整个记忆宫殿，并通过

CAST 记忆法（参见第8节）为各类图像添加细节。使图像细节尽可能奇特或者有趣一些，以便于记忆。

第八，现在你可以站起身来放声练习演讲。在练习过程中，按照顺序在自己的大脑里回顾一下各个存储位置及其对应的要点图像。如果你发现自己无法记起某些要点，就回到第五步对图像进行修改，让图像尽可能怪异一些。

第九，保持站立姿态，继续放声练习。这个时候不要参考笔记，凭借记忆去回忆各个存储位置的有关图像。努力练习记忆与回忆可以在今后为你提供极大的帮助。

本节所涉及的内容可能与你熟悉的其他方法略有不同，但是我仍然建议你应用试试。整个过程会存在一个小型的学习曲线，但一切努力都是值得的。脱稿演讲是一项非常重要的技能，可以给听众留下极为深刻的印象。因此，你应该学会通过记忆宫殿来辅助演讲。一旦付诸实践并加以练习，你很快就会发现这种方法其实非常简单。

| 56 |

记忆特殊密码，保障个人信息安全

出于安全考虑，我们都会为自己所持有的各类网络账户分别设定不同的密码。网络安全专家建议，密码应该至少包含12位字符，如果可以达到16位的话就具有更高的安全系数。那么，我们怎样才能记住包含这么多位字符的密码呢？你可能会倾向于让网页浏览器或者软件"记住"你的密码。可是，一旦电脑丢失、遭窃、损毁，或者你需要在其他电脑上登录账号，事情就会非常麻烦。很多人都在使用密码软件帮助自己管理密码，然而市面上的这一类软件仍然存在重大安全漏洞。

对于我们来说，记忆仍然是大脑自带的最安全、最强大的密码管理"软件"。本节提到的记忆技巧将为你轻松解决网络密码的安全问题。

技巧：把提示性标志转化为图像

我曾经写过一本专门介绍如何创建记忆系统来记忆密码的

书——《防黑客密码系统》。本节将对这本书里的主要内容进行提取与总结。如果网络安全对于你的工作、事业或者你所在的行业领域来说至关重要，我强烈建议你通读一下这本书。

忘记密码的主要原因通常是没有在具体账号与账号密码之间建立关联。你可能记得自己的某一个密码是"5V8k22/>19dpb"，却忘了具体是哪张信用卡使用了这个密码。因此，为了准确记忆密码，你要做的第一件事就是把与账号有关的信息转化为图像，作为密码的提示性标志。

具体操作方法

第一，创建提示性标志。针对某个网站或者网页进行联想，将其转化为图像。比如，你在一个名叫"老爷爷鱼食屋"的网站上创建了账号，那么可以把这个网站的标志，或者其中你最喜欢的鱼、某一款水族箱转化为具体的图像。这里的图像不需要太有创意，只要能做到清晰且便于记忆就可以。这样一来，即使你几个月都没有登录这个网站的账号，也仍然可以回想起提示性标志。

第二，有些网站可能会为你提供随机密码，比如，"8,b[X-Y,B/Q,ekQg"。在这种情况下，你可以选择一种数字记忆系统，比如字母图像系统（参见第12节），把密码所包含的数字、字母、符号等内容转化为图像。比如，你可以把逗号转化为蜗牛，把斜线转化为滑梯。使用链条记忆法（参见第36节）把这些图像串联起来，最后回顾一下所有图像，并添加细节。

第三，在自行设定密码的情况下，你可以遵循以下步骤：

（1）为网站创作一个图像，作为提示性标志。想一下这个网站可以让你联想到哪些东西。

（2）挑选出与提示性标志有关的字符，作为密码的第一个组成部分。把这个字符转化为图像，并将它与提示性标志的图像关联起来。

（3）对关联起来的内容进行联想，继续挑选字符作为密码接下来的组成部分。将字符转化为图像，并与之前的密码图像串联起来。

（4）重复以上内容，挑选出12位字符，并将其组合起来作为密码。

（5）回顾整个链条，为图像添加细节。

（6）使用新密码登录账号，然后退出账号重新登录，如此重复3次。请注意，登录时用键盘输入的方式输入密码，而不是通过电脑"记住"密码直接登录，以此来巩固记忆。

让我们以记忆"老爷爷鱼食屋"的网站密码为例。

提示性标志可以是你自己的爷爷或者网站的老爷

爷的形象。老爷爷的形象可以让你联想到哪些东西呢？比如，我爷爷的耳朵很大，因此我选择单词短语"huge ears"（大耳朵），然后将其中所包含的字符作为密码的第一个组成部分。与此同时，为提示性标志与联想到的其他内容添加细节。

接下来，想一下大耳朵可以让你联想到什么东西。大耳朵肯定需要佩戴大号的耳机（headphones），于是，耳机与耳朵之间可以很轻松地建立起关联。

如果字符数量不够，你也可以通过耳机进一步联想到自己最喜欢的乐队，比如一支名叫"Room 101"的乐队，然后把乐队的名字与耳机关联起来。

串联以上所有内容，你就得到了新密码"hugeearsheadphonesroom101"。不过，你仍然需要对这个密码进行修改，添加至少一个大写字母或符号来提高安全系数。很多人都倾向于在密码末尾添加数字，但这种做法很容易使密码被破解。

关于设置密码的更多注意事项参见下文小贴士。

56

> **小贴士：替代符号**
>
> 　　你可以按照特定规则来打造属于自己的密码系统，具体做法包括：使用符号代替字母（不要使用过于明显的代替符号，比如用符号"@"代替字母"a"）、使用数字代替字母（不要用数字"5"代替字母"s"），以及插入大写字母等。具体方法可参照我在另一部作品《防黑客密码系统》中讲述的内容。这本书可以帮助你有效保障自己的网络信息安全。

| 57 | ——————————

记忆领导交代的事情

　　工作中出现记忆问题的主要原因是一心多用。同时处理很多事情容易造成注意力分散，进而影响记忆，致使我们总是记不住领导所说过的话。那么，我们应该怎样在工作的过程中记忆领导交代的事情呢？我们需要告诉领导自己正在做的工作，然后把注意力集中到领导身上。

技巧：BRB 记忆法

BRB 记忆法与第20节 "记忆他人的个人信息" 所提到的关怀记忆法类似，只不过我对有关细节进行了调整，让其适用于工作场合。在这里，你需要把注意力放到领导身上，记住他们所说过的话，然后重新投入先前的工作之中。BRB 记忆法具体包括以下内容：

（1）呼吸（Breathe）。

（2）重复（Repeat）。

（3）脑海成像（Bring to mind）。

这种方法可以帮助你在工作过程中仍然记住其他重要信息。

具体操作方法

第一，当领导有话要对你说的时候，回想一下 BRB 记忆法的有关内容——吸气、呼气各一次，然后把注意力从手头的工作转移到领导身上。在条件允许的情况下，你也可以通过转身朝向领导，以实现注意力的转移。如果领导打来电话，接听的时候你的眼睛要看着电话机。

第二，重复领导提到的关键词。这种方法同样可以帮助你集中注意力。

第三，把领导交代的事情转化为图像，想象一下自己执行或者完成对方所交代的任务的场景。图像与场景的细节越清晰，你就越容易记住有关信息。

让我们举一个例子。

假设你正在写报告，领导走到你身边说："我需要你帮我做点事情。"此时，你可以回顾一下 BRB 记忆法，把目光从电脑上移开，看着领导。

吸气、呼气各一次，与此同时把注意力放在领导身上，认真听一下领导说的话。接下来，根据具体情况重复领导交代的事情："好的，今天下班之前把潘世奇公司的文件交给你。"与此同时，在脑海中想象一个名叫"潘世奇"的男子的形象以及潘世奇公司的标志，或者其他相关图像。让图像尽可能怪异或者有趣一些，这样才能便于记忆。

在重新投入工作之前，回顾一下自己刚才与领导的对话，记录有关事项。这里可以参照第58节"记忆任务截止日期"的有关内容，记忆具体的时间节点。

BRB 记忆法可以帮助你在完成手头工作之后仍然记得领导交代你去完成的其他任务。

——————————————————————

记忆任务截止日期

俗话说："好记性不如烂笔头。"我个人很喜欢用红笔在日历上做标记，日常还会通过便利贴来标记重要的工作内容。从一名致力于改善记忆的专业人士口中听到这些方法，你可能会感到有点奇怪。但我始终认为，如果忘记某一件事会产生严重后果，就应该在努力记住这件事的同时把它记录下来。毕竟，即使我们非常努力，甚至采用了高效的记忆方法进行记忆，有时候仍然会忘记一些事情。

通过在日历上做标记或者使用便利贴，我们可以避免遗忘所带来的严重后果。因此，我们可以把记忆当作主要工具，把日历当作辅助工具。

技巧：为自己呈现日期

这是一种非常直观的方法，不过我们需要事先做一点准备工作，或者充分发挥自己的想象力。这种方法与第21节"记忆他人的生日"中提到的方法类似，只不过在提示性标志方面有所差别。这里所使用的提示性标志包括项目、相关人员、客户、部门的名称等信息。

数字系统可以帮助我们轻松记忆截止日期，因此，我们可以使用月份记忆系统（参见第14节）或者星期记忆系统（参见第45节）来记忆具体数字。把工作内容转化为图像，再把这些图像与日期数字关联起来，最后多补充一些细节以巩固记忆。这种方法对于截止日期将近的情形尤为适用。

具体操作方法

第一，把某一项工作的客户名字或者项目名称转化为图像。

第二，挑选一种本书提到过的数字系统（或者自行发挥创意），对这项工作的截止日期进行图像转化。

第三，把工作内容图像与截止日期图像关联起来，让这些图像及其关联方法尽可能奇特一些。

第四，回顾整个流程，增添细节。

第五，每次投入这项工作的时候，都回顾一下与截止日期有关的图像。

示例一

假设你需要记忆的内容是：3月23日前提交与邓曼公司有关的文件。

第一，对"邓曼公司"的英文名"Denman"进行转化。"Den"在英文中有"巢穴"的意思，由此可以联想到一头熊的巢穴。而"man"在英文中可以指代"人"，于是可以结合前面的图像，把"Denman"转化为一种半熊半人的生物。

第二，看到"3月"（March），可以联想到"行进"（marching）或者圣帕特里克节；日期"23"是迈克尔·乔丹的球衣号码。

第三，把以上图像串联起来，想象一下在圣帕特里克节的游行队伍里，一个半人半熊的生物正在与迈克尔·乔丹边走边传球。

示例二

假设报告的截止日期为2月11日，此前你需要按照不同时间节点提交各部分内容。你需要记忆的时间节点有：1月3日提交第一部分，1月16日提交第二部分，1月28日提交第三部分，2月11日提交全篇报告。

第一，把这篇报告转化为图像，想象一下报告封面夸张又华丽。比如，封面上的报告标题采用了金色的浮雕文字；或者整篇报告装订得非常精美，采用了昂贵的纸张。你也可以想象一下这篇报告做得非常难看，封面上有扎染的方格图案，采用了荧光绿颜色。

第二，"1月"代表新年或者新生，因此你可以想象一个婴儿。对于日期"3"，你则可以想象一下三轮车。

第三，想象一下一个婴儿骑着儿童三轮车从这篇报告上碾压过去的情景。而这篇报告看起来很薄，因为你只完成了第一部分。

第四，使用相同的方法继续进行转化。在美国，16岁的青少年就可以考驾照，因此，你可以想象一下，一个婴儿开着一辆汽车从这篇报告上碾了过去。而这篇报告就像一个小型的减速带，让汽车震动了一下。如果你还需要加深对"第二部分"的记忆，可以把数字"2"转化成一双鞋子，想象一下这个婴儿开着汽车从一双鞋子上碾了过去的场景。

第五，使用相同的方法对第三个截止日期进行转化。数字"28"可以转化成穿着鞋子（代表"2"）的章鱼（代表"8"），那么你可以想象一下：刚才的婴儿和一只穿着鞋子的章鱼正踩着你厚厚的报告摔跤，而报告的封面上印着一辆三轮车（代表"第三部分"）。

这种方法可以帮助你有效记忆工作任务的截止日期，让你不用查看笔记就能准确回忆起有关细节。人们总是会惊叹于他人出众的记忆力，因此掌握这种记忆方法可以让你在工作场合中表现突出。

进阶技巧：在商务往来中记忆大量姓名

记忆客户、潜在客户和同事的姓名可能对于你的事业发展来说至关重要。本节内容将帮助你进一步提升记忆力水平，让你准确记忆大量姓名。本书第5节曾经提到过用于记忆姓名的"提问"技巧，然而对于记忆大量姓名来说，只掌握这种技巧可能远远不够。接下来，我将介绍另外两种记忆姓名的技巧，以求帮助你更好地记忆姓名。

技巧：面部特征记忆法与最好的朋友记忆法

面部特征记忆法主要通过识别并记忆他人的面部特征来记忆姓名。我有轻度的面孔失认症（俗称脸盲症），经常很难识别他人的长相，因此这种方法对我个人来说一直比较难以应用。如果你恰好对人脸有过目不忘的本领，那么这种技巧非常适合你。最好的朋友记忆法是一种以姓名为开端，然后把姓名与人脸关联起来的技巧。因此这种方法对我这种有轻度脸盲症的人来说相对比较简单。另外，这种方法也非常适合性格内向或者对文字比较敏感的人使用。

以上两种方法的共同之处在于，它们都把姓名与其他你比较熟悉的元素关联起来。你可以把这两种方法都试一下，然后挑出最适合自己的那一个。你也可以同时练习这两种方法，然后在结识他人的情况下选择自己最想使用的那一个。

具体操作方法

面部特征记忆法

在对方的相貌特征便于记忆的情况下使用这种方法，效果会比较好。

第一，识别对方面部比较独有的特征，比如美丽的眼睛、形状独特的鼻子、高高的颧骨或者大大的酒窝等。

第二，使用第5节提到的"提问"技巧，通过短期记忆记住对方的姓名。

第三，使用第33节提到的CAR记忆法，把对方的姓名转化为图像。

第四，把姓名图像与对方的面部特征关联起来。

第五，结束交谈之后，回顾一下对方的面部特征、姓名，以及两者之间的关联。在晚睡前刷牙的时候再重新回顾一下。

第六，第二天早上和第二天晚上再次回顾一下。

让我们来举一个例子。

　　假如你遇到一个大鼻子的男人，名叫托尼（Tony）。那么，你可以注意一下他的鼻子，通过提问的方法记忆对方的姓名。比如，你可以问："托尼是安东尼（Anthony）的简称吗？"然后把对方的姓名转化成图像，如想象一个脚趾（toe）。接下来，每次回顾的时候都用脚趾来代替对方的大鼻子。

最好的朋友记忆法

这种方法对于大多数人来说都具有不错的效果。

第一，使用"提问"技巧记忆对方姓名。

第二，在谈论姓名的时候，想一下有没有某个名人或者朋友与对方同名。

第三，在心里比较一下对方与你想到的名人或者朋友，看看他们之间有没有什么相似之处或者明显的差别。

第四，事后回顾一下当时的交谈与互动，第二天早上再次回顾一下。如果有必要，你也可以在其他时间段再次回顾。

让我们来举一个例子。

　　假如你遇到一个人，名叫拉里（Larry）。此时你可以问："拉里是劳伦斯（Lawrence）的简称吗？"拉里身高约1.75米，有一头深色鬈发，身体结实得像一名橄榄球运动员。你恰好有个朋友也叫拉里，那么可以把两个拉里比较一下。另外，你也可以把眼前的拉里与一些名人进行比较，比如篮球运动员拉里·伯德、喜剧演员拉里·戴维等。

交谈过程中注意一下不同拉里之间的差别或者相似之处。你可以想象你面前的拉里正在与身高2米的拉里·伯德进行一对一的篮球比赛，或者你面前的拉里与拉里·戴维正共同演绎喜剧。接下来，为自己想象的画面增添一些比较夸张的细节。比如，你面前的拉里会不会因为见到了拉里·伯德喜极而泣？你面前的拉里篮球打得怎么样？

再以上文提到的托尼为例。

我会想象他与电影中的黑手党成员托尼·索普拉诺、钢铁侠托尼·史塔克、喜剧演员托尼·夏尔赫布分别互动的场景，或者想象他与这3个托尼同时互动的场景。

无论具体使用哪种方法，以下3个要点都可以最大限度地帮助你记忆姓名：一是如果没有记住对方的姓名，那就直接表达歉意再问一次，这样会比几天之后重新询问好得多；二是多回忆几次对方的姓名；三是在对方姓名与你自身之间建立特殊的关联。以上3点可以提醒大脑集中注意力，以便更好地进行记忆。

| 60 |

记忆姓名，打造人脉关系网

在工作场合，尤其在那些销售场合，我们经常会通过展销会、联谊会或者其他社交活动认识一些人。对于销售等工作而言，记住他人姓名至关重要。然而，懂得介绍他人同样是一种可以给人留下深刻印象的技能。人们不仅喜欢有人认识自己、能够说出自己的名字，也非常喜欢有人把自己介绍给其他人。本节接下来的内容将帮助你成为社交达人，让你因出众的记忆能力而收获他人的赞赏。

技巧：介绍记忆法

想要把一些人介绍给其他人认识，你首先需要记得对方的姓名。第59节提到的面部特征记忆法与最好的朋友记忆法可以

211

帮助你记忆姓名。记住新朋友的名字之后，你需要尽快把他介绍给其他人认识。当你进行介绍的时候，一定要使用"提问"技巧（参见第5节），提一下你刚刚了解到的情况，比如新朋友姓名的拼写方式，或者姓名全称。在条件允许的情况下，你也可以在介绍的时候提到其他明星，比如你可以说："这位是布拉德，与电影明星布拉德·皮特同名。"

一旦你开始练习与应用这种方法，你的大脑就会马上全速运转起来，进而提升你的注意力水平，使你记忆姓名的能力直线上升。

具体操作方法

第一，当你介绍他人的时候，回顾一下自己针对其姓名所进行的联想。亲口说出他人姓名或者回顾一下自己联想到的画面，可以提醒大脑集中注意力。

第二，每隔5分钟、10分钟，或者15分钟就休息一下。具体间隔时长取决于你个人记忆姓名的能力、使用记忆技巧时的熟练程度，以及社交活动的节奏快慢等。你可以找个借口休息，比如去吃点东西、喝点饮料，或者看一下手机。在休息的过程中，你可以回顾一下他人的相貌与姓名。如果条件允许的话，你可以再去现场找到他们，重新在他们的相貌与姓名图像之间建立关联。总之，拿出一点时间用来回顾，可以帮助你更好地回忆。

第三，把介绍记忆法与记忆个人信息方面的技巧结合起来，介绍的时候可以提一下有关对方的个人信息。这种做法是一种很好的开场，将巩固你对于他人姓名与个人信息的记忆。相信很快你就会收获"社交达人"的好名声！

| 61 | ———————————————————

记忆客户与同事的个人信息

无论在生活还是工作场合中，打造社交关系与建立信任都非常重要。如果我们总是记不住对方的个人信息，以上两点也就无从谈起。与我合作过的一名销售人员就经常因为记忆不好的问题导致业绩下滑。有时客户刚刚解释过自己对某件产品不感兴趣的原因，但10分钟之后，这名销售人员又开始重复解释这件产品的优势。于是，客户表现出了因失望与缺乏信任而出现的烦躁情绪。客户很可能在想："他都根本没有认真听我说话，我怎能指望这个人帮我找到合适的产品呢？"

学会倾听与提高记忆力可以使我们拥有更好的人际关系、更受欢迎，同时也能为我们提高工作业绩。

技巧：升级版关怀记忆法

这里的技巧是第20节提到的关怀记忆法的升级版本。它简单、实用，主要被用于记忆客户和同事在生活、个人偏好等方面的细节。其具体内容包括：

（1）认真倾听（Commit）；

（2）集中注意力（Pay Attention）；

（3）重复（Repeat）；

（4）想象（Envision）；

（5）分享（Share）。

升级版就是在关怀记忆法的基础之上加上了"分享"，而"分享"特别适用于销售等工作。

具体操作方法

第一，认真倾听。与家庭生活场景相比，很多人在工作场合中更善于倾听。不过，倾听的时候仍然要尽可能地用心。与此同时，以倾听对方所讲述的内容与关注对方的讲述方式为目标进行交谈与互动。

第二，集中注意力。倾听的时候要集中全部注意力，不要去考虑自己接下来应该说什么。这一点至关重要。另外，倾听的同时要观察一下对方的肢体语言，留意一下对方的态度、表情及情绪等。

第三，重复。倾听的过程中要留意一下关键细节，比如对方喜欢或者不喜欢的事物、对方的兴趣爱好、对方生活中比较重要之人的姓名。细节的类型通常取决于对话类型。不过你只要用心倾听，就能从对话中分辨出与对方有关的关键细节。接下来，适当重复一下关键词。比如，你可以说："哦，原来你不喜欢蓝色？"

第四，想象。把关键词转化为图像，想象一下对方正在做与关键词有关的事情。比如，对方告诉你他曾经有一件与你推荐的类似的产品，但是并不喜欢它，那么你可以想象一下对方用锤头砸烂了这件产品的场景。再比如，你可以想象一下对方牵着金毛犬出门散步，或者与3个孩子一起玩耍的场景。

第五，分享。简要分享一个与对方有关的信息，并以提问的形式结束对话。比如，你可以问"我喜欢狗，并且也养过一只。你的狗今年几岁啦？"，或者问"蓝色是我们这里最受欢迎的颜色，不过我们还有其他颜色。你最喜欢哪种颜色呢？"

第六，返回第一步，重复以上流程。对话过程自然会轮到你来谈论你自己的事情，谈论你的工作或者你正在销售的产品。在轮到你之前，要认真倾听并努力了解你的客户或者同事。

第七，对话结束之后，充分发挥想象力，并回顾一下对话所涉及的关键细节。尽力想象一下对方的宠物狗或者3个孩子的样子。这种回顾可以让大脑把有关内容当作重要信息，而把信息转化为图像可以产生最佳记忆效果。

第八，当你下次见到对方的时候，就可以自然而然地想起对话内容以及有关细节。这个时候你可以问一下对方："你的狗最近怎么样啦？"或者你也可以和他打个招呼："嗨，上次你好像提到过你的3个孩子，他们最近还好吗？"对方会感谢你的关心，同时会对你出众的记忆能力与倾听技巧印象深刻。

| 62 | ————————————

记忆午餐或咖啡订单

"回来的路上，帮我带杯拿铁咖啡吧。"今后遇到同事提出这种要求的情况，你再也不需要用笔和便条记下对方的需求了。本节内容将帮助你充分发挥想象力，让你仅凭记忆就可以记住同事想要哪种咖啡或者午餐，进而为所有人留下深刻印象，让他们觉得你简直就是个天才。

技巧：天才记忆法

我们曾经提到过，只要充分发挥想象力与联想能力，无论多么难记的事情都可以做到轻松记忆。在这里，你首先需要把自己同事的形象转化成便于记忆的夸张图像，然后把他们要求你带的东西转化为具体的图像。也就是说，我们需要把不容易记忆的东西转化为有趣的图像，再把相关的人与这些东西关联起来。这种方法是饮食版本的链条记忆法（参见第36节）。不过，你同样可以使用这种方法来记忆他人要求你帮忙领取的干洗衣物、需要处理的打印机墨盒或者其他事情。

具体操作方法

第一，在同事请你帮忙带点东西的情况下，挑选出这位同事的某一种个人特征。

第二，把对方让你帮忙带的东西转化为图像。单单记忆咖啡的话比较容易，但怎样记忆与咖啡有关的其他细节呢？我们需要为咖啡的图像增添各种奇特的细节，比如：

（1）对咖啡杯的尺寸规格进行夸张处理。把小杯想象成一个水盆，把中杯想象成一个水桶，把大杯想象成一个水缸。

（2）把拿铁咖啡想象成英姿飒爽的拿破仑，把冰咖啡想象成一座冰山。

（3）其他细节同样可以通过想象力被添加进图像中，比如把需要添加的牛奶想象成一块飘在咖啡里的云朵。

第三，有时候对方会告诉你不要添加某一两样东西，比如"帮我带个全麦牛肉汉堡，不要番茄酱，也不要沙拉酱"。在这种情况下，我们需要把对方不要的配料转化为图像，想象一下它们遭到破坏、被落下、被锁起来，或者其他导致它们无法被添加的场景。

比如，想象一下你的领导与一头身披生菜叶、嘴里咀嚼着西红柿的牛（牛肉汉堡）站在一片小麦田（全麦）里。这头牛体型很大，在田地里非常显眼。然后想象一下你站在旁边英勇地保护这头牛，不让沙拉酱瓶子靠近。与此同时，一个番茄酱瓶子正在从另一个方向悄悄靠近，于是你来回跑动，不断地从这两个方向阻拦敌人。

面对同事请求帮忙带东西的情况，大多数人都会产生一些心理压力。如果需要带几样不同的东西，就会更加不知所措。本节内容所提到的方法简单实用，可以在工作场合中产生很好的效果——不仅能帮助你消除心理负担，还能让领导和同事对你出众的记忆力感到惊艳。另外，你也可以伸出援手把这种记忆方法教给其他同事。

63

记忆客户最喜欢的产品

想必你也有自己最喜欢的咖啡馆、餐厅或者其他商店。在店家努力搞清楚并记住你的偏好的情况下，你会感觉自己受到了重视，进而对店家产生好感。在与客户打交道的时候，我们也可以借助特定的记忆方法记住对方的偏好来赢得客户的青睐。如果我们能让客户感觉自己受到了重视，业绩自然而然就会得到提升。

一般情况下，我们可能会通过死记硬背的方法来记忆这些信息，或者因客户长期购买某一样东西而对它印象深刻。然而，有意识地应用本节内容所提到的记忆技巧就可以让你更加轻松地记住对方的偏好，与此同时更为有效地缩短记忆周期。

技巧：识别与关联

这里所提到的技巧是 CAR 记忆法（参见第33节）的升级版本。我们在第59节"进阶技巧：在商务往来中记忆大量姓名"

中介绍了如何记忆他人的相貌与姓名。在本节内容里，你也可以使用类似的方法来记忆客户信息，然后把客户最喜欢的产品转化为图像。这里的产品既可以是某种服务、某种有形产品，也可以是股票或基金之类的无形资产。把分别代表客户与产品的图像关联起来，最后在回顾的过程中为这些图像及相关故事增添细节。

具体操作方法

第一，把与客户有关的信息转化为图像。这里既可以使用客户的姓名、相貌，也可以使用客户公司的名称或者标识。

第二，把客户的偏好转化为有趣又夸张的图像。

第三，通过一种奇特、怪异的方法，把分别代表客户与偏好的图像关联起来。

第四，回顾所有图像及相关故事。给图像多添加一些颜色、动作、质地等方面的细节，放大图像尺寸。另外，还可以添加一些情感色彩，让整个画面更加生动、清晰。

让我们来举一个例子。

泰德不常使用电脑，但是热衷于科技领域方面的投资。你是他的理财顾问，每个月都要与他讨论一下投资组合方面的问题，而泰德一直偏好科技股。以上这些信息不算复杂，但由于某些原因你总是记不清。你不妨试试 CAR 记忆法。

第一，对于泰德这个人，你可以联想到哪些东西呢？你仅仅是在电话里和他进行过沟通，还是比较熟悉他各方面的情况？在脑海里想象一下泰德的形象。

第二，提到科技领域的投资项目，你会首先想到哪些东西？把自己联想到的内容看作标志，比如一台电脑。想象一台电脑的同时，刻画一下这台电脑的有关细节，比如颜色和形状等。这台电脑的款式不用太时尚，你甚至可以想象一台又大又旧的过时电脑。与那些时尚又华丽的物品比起来，过时、难看或者破损的东西更容易让人印象深刻。因此，你不用担心想象出来的这台老电脑会让你误以为"泰德喜欢投资比较过时的项目"。

第三，把有关泰德本人的图像与电脑图像关联起来。想象一下泰德正在用几台电脑表演杂耍；因为他觉得电脑这个东西很酷，于是收集了很多囤积起来。你也可以自行想象其他情节。

第四，回顾所有图像，增添一些细节，尤其可以多添加一些情感元素。

你还可以用相同的方法来记忆某位顾客最喜欢的咖啡类型：在脑海中呈现他的相貌，然后想象一下他最喜欢的咖啡出现在他的头顶上。比如某位顾客喜欢意式摩卡奇诺咖啡，你可以想象一下对方的头顶上撒满了可可粉，而眉毛上还有一圈牛奶泡沫。尽可能给自己想象出来的图像多添加一些细节，这样当你下次见到该顾客的时候，大脑就可以自动调取有关图像。

| 64 | ————————————————————

在电话中识别对方的声音

假设现在你接到一通电话，电话那头的人知道你的姓名，和你打了个招呼就开始聊工作方面的事情，而你绞尽脑汁也想不出这个人是谁。对方认识你，而你却认不出对方。在其他情况下，你可能识别出了对方的声音，但是却想不起对方的姓名或者对方公司的名称。这种情况偶尔发生一两次的话，人们一般都会表示理解；但如果经常发生，双方就会很尴尬。而对于自己最喜欢的歌手发布的新歌，或者自己最喜欢的演员在电视节目里的声音，你能否在不看画面的情况下认出他的声音呢？如果答案同样是否定的，那你也可以改善自己的听觉记忆。

技巧：识别嗓音特征

首先，你需要判断一下自己的问题类型——是在识别声音方面存在障碍，还是在把特定嗓音与某个人进行关联的过程中存在困难。接下来，对特定的人进行识别，并创建一种与对方嗓音有关的识别标志。留意一下不同的人通过怎样的方式发声，有助于更好地识别嗓音。你可以从自己的家人或者同事身上开始练习，逐渐养成留意对方嗓音特征的习惯。

（1）年龄。对方的声音听起来像是多少岁的人？

（2）响亮程度。声音听起来是比较柔和，还是比较聒噪？

（3）语速。说话速度有多快？

（4）语调与情绪。对方的嗓音一般包含怎样的语调和情绪？

（5）特征。对方的嗓音是否具有一种比较罕见的音色或质感？

（6）词语。对方说话的时候一般会采用哪一类词语？

（7）嗓音浑厚程度。对方的嗓音听起来是比较浑厚，还是比较清脆？

在日常交流中，你可以通过以上判断标准来留意一下不同的人都具有怎样的嗓音特征。加以练习之后，大脑识别嗓音的能力得到更好的发展。接下来，你就可以把不同的嗓音与所对应的个人关联起来。

具体操作方法

第一，从自己的客户里挑出那些嗓音比较难记或者很难将嗓音与姓名关联起来的人。通过上文所提供的识别标准，留意一下对方的声音特征。我们同样可以把嗓音转化为图像，但这种图像并非视觉图像，更像是一种感觉或者直觉。我们可以通过一些特征来识别嗓音，比如把每种嗓音都转化成一种特定的感觉，并通过这种感觉来识别嗓音。

第二，把对方的姓名转化为图像。这里可以借助第59节提到的最好的朋友记忆法：找出与对方同名的某位明星或者自己的某位朋友，进而在脑海中想象出画面。

第三，把姓名图像与对方的嗓音关联起来。

第四，想一想自己与这位客户在商务往来中的有关情况，以及其他重要信息（具体可参照第63节的有关内容），然后把这些信息转化为图像。

第五，通过一种独特且便于记忆的方式把对方的姓名与这些信息的图像关联起来。同时，还要在图像中添加对方的嗓音所带给你的感觉的有关信息。这样一来，我们就打造出了一根彼此关联的链条，帮助大脑进行记忆。

每当识别出对方的嗓音或者听到对方的名字时，大脑就会受到刺激，进而进行联想，沿着这根链条调取有关信息。产生这种效果的关键在于识别对方的嗓音并记忆对方的姓名。日常对这部分内容多加以练习，你的听觉记忆很快就会得到改善。

| 65 |

克服"突然遗忘"综合征

我们在本书第1节提到过记忆的3个基本步骤（FAR）：一是把注意力集中于有关信息；二是在大脑中整理记忆素材；三是需要用到信息的时候调取记忆。很多人总是会在最后一步遇到问题。这种现象极为常见，尤其随着年龄的增长，我们会变得无法像曾经那样快速、自如地调取记忆，以至于"话挂在嘴边上，但就是想不起来"的情况经常出现。这说明记忆仍然储存在我们的大脑中，然而出于某些原因我们无法对它进行调取。

技巧：主题调取法与字母调取法

以下几种方法可以改善这种情况。首先，你可以补充一下睡眠。在睡眠充足的前提下，大脑就可以更好地运转，进而变得更加灵敏。另外，放松也同样重要。与放松的状态相比，大脑在有压力的状态下更难调取记忆。如果你经常遭受"突然遗忘"综合征的困扰，那么可以通过以下两种技巧来有效改善自己的处境。

（1）主题调取法：当你发现自己想不起来明明记得的事情时，可以想一想其他类似的事情。

（2）字母调取法：想一想与自己试图回忆的事情类似的其他事情，然后按照首字母顺序列举出来。（这种方法的系统性更强，得到了一部分人的青睐。）

具体操作方法

主题调取法

第一，发现自己想不起来明明记得的事情。

第二，把其他类似的事情列举出来，直到找到自己想要回忆的事情。

让我们来举一个例子。假如一个熟人向你走了过来，但你突然想不起他的名字。你认识对方，也知道对方的名字，但大脑在这一刻突然断了链子。

这个时候你就可以开始想一下自己记得的姓名，比如罗恩、罗科、吉姆、达娜、约翰、乔、罗伯、麦克斯等。这种方法相当于告诉自己的大脑，"把类似的信息找出来"。此时，你的"记忆侦探"会列举出大脑储存的同类信息，帮你找到正确的答案。

字母调取法

第一，发现自己想不起明明记得的事情。

第二，回忆一下其他类似的事情，然后按照首字母顺序进行排列。

让我们来举一个例子。假如你突然记不起上周看的电影名称，这个时候你可以按照首字母顺序把各个电影名称列举出来：《阿波罗13号》(*Apollo* 13)、《勇敢的心》(*Braveheart*)、《汽车总动员》(*Cars*)、《与狼共舞》(*Dances with Wolves*)、《伊甸园之东》(*East of Eden*)……这种方法强迫大脑以特定字母为线索调取同类信息，通常可以快速唤醒记忆。

你可以试一下以上两种方法，看看哪种方法对自己来说效果最好。我辅导的客户一般都有自己的个人倾向，而特定方法的具体效果也因人而异。请记住，无论使用哪种方法都比你因抱怨自己记性太差而陷入苦恼要好得多！为了克服"突然遗忘"综合征，我会时刻注意让大脑正常运转，并适当使用记忆技巧。当我们发挥创意、通过有趣的方法进行记忆后，以后回忆起来

就会轻松很多。对于大脑突然掉链子的情况，本节提到的这两
种方法总有一种可以发挥作用。

| 66 | ──────────

记忆应急措施

你还记得自己工作场地的安全应急措施吗？在紧急情况下，
你能想起距离自己最近的两条疏散通道吗？你记得灭火器放在
哪里吗？在压力情形下，我们一般很难想起自己应该做的事情。
而且对于没有学习过的东西，我们自然无法进行回忆。

本节讨论的话题可能会让人感觉不舒服，但我们无法否认
这一类事情的重要性。除了练习与复习外，记忆技巧同样可以
给你带来安全感，帮助你做好应对突发事件的充分准备。

技巧：学习与专注

本节内容的关键在于专注。只要我们把注意力集中到应急
措施的内容上，大脑自然就会开始记忆重要信息。另外，发挥
想象力可以帮助我们在应对突发事件的时候更好地回忆。最后，

借助间隔重复与提示系统等记忆技巧进行复习，可以帮助我们在万不得已的情况下采取有效措施。

具体操作方法

第一，工作场地一般都有成文的应急措施，把这些内容找出来。如果没有，就自己亲手写一个。

第二，浏览应急措施的相关内容，留意一下距离自己最近的安全出口。另外，再找一个紧急情况下可供使用的备用安全出口，比如较远位置的门窗等。

第三，利用上班之前或者午餐休息的时间，走一下疏散通道及通往备用安全出口的路线。

第四，在大脑中回顾各条路线，想象一下自己沉着又迅速地前往这些路线，然后转动门把手或者推开门栓的情景。这里需要注意，不要去想特定的突发事件类型，也不要去想自己会有多恐慌，想一下自己安全逃离现场的场景即可。

第五，找到自己最常活动的区域内灭火器的摆放位置，想象一下这些位置亮着红色的闪光灯。另外，想象一下自己在这些区域里走动，而且边走边数灭火器的数量，直到在任意位置都能列举出距离最近的3个灭火器为止。

第六，重复上一步，记忆火灾报警器的位置。报警器可能在灭火器附近，也可能不在。

第七，寻找可供藏身的位置，然后想象自己在突发行凶事件的时候找到这些位置藏起来的情景。请注意，一定要想象一下自己遭遇这类事件时沉着冷静的状态。

第八，想想在紧急情况下，哪些同事可能需要帮忙。再想象一下自己又应该如何在条件允许的情况下找到他们，如何帮助他们疏散或者隐藏起来。

第九，下班之后把前面提到的所有内容回顾3次，第二天再回顾3次。

第十，每个月的第一天把应急措施的所有内容都回顾一遍，提醒自己"安全第一"，借此帮助大脑加深记忆。

| 67 | ———————————————————————

记忆产品与服务的价格

无论身为买方还是卖方，记住某些产品或服务的成本都会为我们节省大量时间。另外，清楚地记住价格可以帮助我们在工作中脱颖而出。如果我们能做到对列表中的所有价格都了如指掌，就可以给他人留下深刻印象。与此同时，记不住价格也可能会对工作产生消极影响。本节内容将帮助你轻松记忆各类产品与服务的相应价格，而且整个过程会非常有趣。

技巧：把产品或服务与数字关联起来

为了记忆价格，你需要把价格数字转化为图像，然后把它与相应产品或服务的图像关联起来。为了更好地把价格数字转化为图像，你需要熟练掌握本书所提到的某一种数字记忆系统。

这里我推荐使用基本系统（参见第18节），因为这种系统的功能最强大，而且最适合记忆多位数字。有人可能会觉得学习并且应用这一系统有些太费力气；但是反观我们的生活，我们总是愿意花费精力去学习开车。虽然练车需要花费时间，但开车可以为我们节省大量时间与精力，而学习记忆系统同样可以带来相同的效果。如果记忆价格对于你的工作业绩或者工作效率来说至关重要，那么掌握相应的记忆系统对于你的事业发展来说将大有裨益。

具体操作方法

第一，学习某种数字记忆系统，比如基本系统。不过，根据不同行业及记忆量方面的差别，有时候使用 MOST 记忆法（参见第11节）可能就已经足够了。这种方法要求把特定数字转化为金钱、物品、体育运动成绩或者时间。

第二，把产品转化为图像。如果这些产品是具有特定规格的滚珠轴承、电脑芯片或者特定种类的服务，那么转化起来就可能会有一定的难度。不过，只要充分发挥想象力，任何东西都可以转化为图像。在比较紧急的情况下，为特定产品分配特定图像即可。比如，某种产品包含5种不同的款式，但是你又找不到比较好的方法把它们分别转化为图像，那么可以把各种款式分别想象成乒乓球、棒球、垒球、篮球和足球。另外，你也可以利用红色、蓝色、黄色、绿色等颜色或者各种水果、蔬菜来对应不同的产品。

第三，把产品图像与数字图像关联起来，组成特定的故事情节。这里的情节需要尽可能奇特、有趣一些。以下是一个示例：

　　假设你就职于大盒子公司，主卖电视和电脑。在日常工作中，客户经常会直接询问某一款产品的价格。在这种情况下，你就需要记住热销产品的价格，比如某一台电视机为 i 系列 65 英寸 4K 彩电，原价 599.99 美元，折扣价 519.99 美元。

　　你大脑中的"记忆侦探"会自动帮你补齐有关信息，比如你所在的这家门店的产品的价格经常以".99"结尾，销售的都是 4K 彩电等。因此，你只需要记住"i系列"、原价和折扣价即可。

　　在记忆"i 系列"的时候，你可以把字母"i"转化为"眼睛"（eye 与 i 发音相同）。想象一下折扣产品上贴着巨大的红色促销标签的画面，然后把该画面与"眼睛"关联起来，比如标签上画着一颗布满血丝的眼球。

把折扣价数字"519"转化为图像。这个数字能让我联想到用5分19秒的时间跑完1英里路程的图像。接下来，把以上图像串联起来：我用5分19秒的时间跑完了1英里，冲过了终点线，获得一台电视机作为奖品；而终点线处有一条巨大的促销横幅，上面画着一颗布满血丝的眼球。现在，对全价数字"599"进行一下联想，比如599等于600减1。或者你也可以通过MOST记忆法把它转化为图像：你家孩子所在的篮球队与一支职业赛队进行比赛，结果以5：99的比分输掉了比赛，而你恰巧在工作的时候看到了电视机上公布的比赛结果。

另外，你也可以使用简易系统（参见第13节）对数字进行转化，比如519可以转化为：一名渔夫（5）正在挥舞一根球棒（1），驱赶试图偷鱼的猫（9）。

第四，每天选择5~10件产品进行转化与记忆，记牢之后再去记忆下一组产品。每天回顾一下，直到你看到产品马上就能想到它与价格之间的关联图像为止。在记忆过程中，你也可以拉上同事进行比赛，看看谁记得更准确，或者谁的图像更便于记忆。

| 68 | ———————————————

记忆库存情况

"你们的存货里还有这件东西吗？""稍等，我查一下。"查看存货情况的方法固然便捷，然而如果我们能够直接回答出存货的情况，就可以给他人留下深刻印象，以及提升服务质量。你可能会觉得普通人很难做到这一点；其实这很简单，你完全可以做得到。

本节内容所提及的技巧可能无法适用于所有行业，但仍然可以让你做到立刻回答出一些比较简单的存货情况，比如目前还有3台汽车、10台88英寸彩电或者5台风力涡轮机等。你的客户或者领导会对你的记忆力惊叹不已。

技巧：CAR记忆法与多次回顾

这里的技巧指的是通过CAR记忆法（参见第33节）进行记忆，然后通过多次回顾对脑海中的存货数据进行实时更新。首先，挑选出便于转化为图像的一类库存商品进行想象；然后，通过数字记忆系统把库存数量转化为图像；最后，通过具有创意的方式把商品图像与数量图像关联起来，并添加一些细节。

每当遇到需要回忆库存数量的时候，只要回想一下这一类库存商品的图像，你就可以直接联想到数量图像，进而得到具体的库存数量。那么，在库存数量不断变化的情况下又该怎么办呢？

具体操作方法

第一，定期查看库存情况。

第二，挑选某一类库存商品，将其转化为图像。

第三，把这一类库存商品的数量也转化为图像。如果库存数量小于9，你可以使用数字押韵系统（参见第17节）或者简易系统（参见第13节）。如果库存数量大于9，基本系统（参见第18节）或者MOST记忆法（参见第11节）通常会比较适用。

第四，发挥一下创意，把库存商品图像与数量图像关联起来。

第五，回顾所有图像以及将图像串联起来的故事，并添加一些比较夸张的细节。

第六，当库存数量发生变化的时候，就对数量图像做出调整，同时取消商品图像与原有数量图像之间的关联。具体可以想象一下数量图像遭到破坏或者移除的画面。比如，想象数量图像遭到碾压、损坏或者其他形式的破坏，以表明该图像不再生效。

第七，把全新的库存数量转化为图像，与商品图像关联起来。

让我们来举一个例子。

假设库存中有9辆超级跑车。你可以把这些车想象成跑车模型，然后把细节放大，对车尾、引擎盖、前照灯等进行夸张处理。俗话说"猫有九条命"，那么，你可以把数字"9"想象成一只猫。有关猫的图像要尽可能奇特、有趣一些，比如这只猫的毛色呈绿色和粉色。接下来，想象一下这只猫在引擎盖上磨爪子，抓坏了跑车的漆面，而你正绝望地站在停车场，想办法修复这些抓痕。

周一下午，你和同事卖掉了3辆跑车。这里你就可以想象一下你把这只猫带回了家，送给了自己的家人，以此代表数字"9"不再生效。至于剩下的6辆跑车，你可以想象一下自己不小心把1辆样车停在了蚂蚁（有6条腿）窝的上方，于是车里爬满了会咬人的红蚂蚁。

如果你还需要记一下这6辆跑车里包含2辆红色跑车、2辆黑色跑车、2辆黄色跑车，那么需要额外添加一些细节来辅助记忆。这里请发挥一下创意，自行想象。

记忆电话号码

不要略过这部分内容！在科技发达的今天，拨打电话十分方便。我们可以使用快速拨号功能，让自己的智能设备一键拨号，或者通过客户关系管理系统直接拨打电话。但我们仍然需要用大脑去记忆电话号码，而不是依赖科技。具体原因包括：

（1）记忆电话号码可以简单有效地维持心智健康，锻炼记忆能力。这种精神方面的锻炼就相当于我们没有坐电梯，而是选择爬楼梯进行的身体锻炼。

（2）记住客户的电话号码可以给他们留下良好的印象。

（3）提升工作效率。

（4）科技也有可能出错。

（5）应对紧急情况。

技巧：把特定的人与其电话号码用图像关联起来

本节内容并非要求你把所有电话号码都记下来，你选择比较重要的号码进行记忆即可。

第一，重要客户的主要电话与备用电话。你可以在与客户沟通的时候问一下："我应该打你尾号9534的电话，还是尾号2579的那个？"这样做会给客户留下良好的印象。

第二，工作关系中专业人士的电话。比如你的律师、主治医生、财务顾问、会计师的电话。

第三，其他专业人士的电话。比如兽医、孩子的老师、孩子的医生、你的牙医的电话。

第四，家庭成员的电话，以及能够帮忙处理紧急情况的好邻居的电话。

第五，其他重要电话。比如当地警方、中毒防控中心、教堂、家庭保姆的电话。

你已经学习过各种数字记忆系统，所以记忆电话号码也不会很难。你只需要记住，在过去的年代里，人们经常凭借大脑来记忆电话号码。

具体操作方法

第一，选一个重要的电话号码。

第二，把使用这个电话号码的人的形象转化为提示性标志图像。

第三，有必要的话，把区号也转化为图像。如果你对某个区号比较熟悉，那么在记忆区号的时候可以仅仅把一部分数字作为线索进行转化。比如美国纽约州区号"518"，你可以根据数字"5"的形状把它想象成鱼钩，然后把整个区号转化成一名渔夫（参见第13节简易系统）。

如果你对这个区号比较陌生，仅凭单个数字的线索无法准确回忆，那么也可以挑选一种数字记忆系统，把区号所包含的各个数字分别转化为图像。与此同时，把使用这个电话号码的人作为提示性标志，与数字图像关联起来。比如你的律师所使用的电话号码区号为"518"，那么你可以想象一下你的律师正在钓鱼（5），结果钓起一根球棒（1），这个时候一只章鱼（8）伸出触手抓住了球棒（这里所使用的数字转化系统是简易系统）。

第四，使用链条记忆法（参见第36节）把各个图像串联起来。

第五，回顾整个流程，增添细节。

第六，当你回想整个电话号码的时候，拿出手机，尝试用拨号键盘打出号码。这种方法有助于记忆，还可以通过拨号动作来形成肌肉记忆。

第七，利用晚睡前刷牙的时间，回顾一下与电话号码有关的所有图像，第二天早上刷牙的时候再复习一遍。

这里以记忆美国白宫的联系电话（202）456-1111为例。（注意：请不要真的拨打，以免给工作人员带来困扰。）

想象一下美国现任总统、你最喜欢的某一任总统或者白宫本身的形象，然后把你脑海中的图像作为这个电话的提示性标志。这里我会选择总统的图像作为提示性标志，并选用数字押韵系统（参见第17节）进行转化。

想象一下美国总统正在自己的椭圆形办公室里穿鞋子（2），他身边有一位超级英雄（0），也在穿鞋子（2）。

接下来，把区号和后面的数字关联起来。超级英雄穿上鞋子后一脚踢开了门（4），结果撞到了门外的一个蜂巢（5）。这些蜜蜂都拿着小木棍（6），为了寻开心（1）而去击打4种不同的东西，其中包括总统办公室里的坚毅桌[1]、一幅画、一个沙发以及窗帘。

为所有图像增添一些细节，然后使用手机拨号键盘拨打电话号码，以巩固记忆。

---

[1] 坚毅桌，是一张制作于19世纪的书桌，放置在白宫的椭圆形办公室中，多次被美国总统作为办公桌使用。它由英国皇家海军退役军舰"坚毅号"的船身木材打造而成，并在1880年被维多利亚女王赠予了时任美国总统的海斯，以象征英美两国传统友谊。——编者注

| **70** | ————————————

记忆团队任务与各项工作的截止日期

优秀的团队是取得商业成功的关键。想要管理好一个团队，我们需要具备多种技能，其中包括掌握团队成员各自的任务情况及各类工作的截止日期。然而，在记忆自己手头工作的同时，还要记住其他人在做的工作并不是一件简单的事情，会极大地增加大脑的负担。这里的技巧可以帮助你缓解压力，轻松记忆各类事项。

技巧：大型记忆法

本节内容将介绍我个人经常独立使用的两种简单又实用的记忆方法，而这两种方法结合起来就是所谓的"大型记忆法"。第一种记忆方法就是我在第29节提到过的思维导图。思维导图可以帮助我们对整个团队或者团队成员的任务量进行可视化跟踪。第二种记忆方法是我在第36节提到过的链条记忆法。在这里，链条记忆法可以帮助我们记忆任务分配情况和截止日期。

思维导图已经足以帮助我们可视化处理不同的任务，并记忆其中的各类细节。如果任务的组成情况比较复杂，截止日期各不相同，链条记忆法就可以发挥作用。将两种方法结合起来使用，可以让整个团队或者团队成员的任务情况一目了然。

具体操作方法

思维导图

第一，拿出一张纸（不要使用电脑），在纸的中央写下团队成员的名字，把他们各自的任务情况转化成思维导图。

第二，用红色大字写下任务量最大或者最重要的任务，然后画一个比较粗的圈把任务名称圈起来。使用其他不同颜色的笔给这项任务添加分支线，分别写下截止日期、相关资源或者其他重要细节，并使用不同形状的圈把各项细节圈起来。

第三，对其他任务进行以上同样的操作，不过要使用不同的字体、颜色，以及比较细的圈，以进行区分。

第四，当你完成思维导图之后，闭上眼检查一下自己能否记住这幅图的布局、颜色、线条，以及圈的各种形状。这里不用在意思维导图画得是否好看，只要能帮助你记忆即可。重复进行记忆与回想的步骤，直到你可以在大脑里清晰地看到整张思维导图的重要细节为止。

第五，如果任务情况比较复杂，就用链条记忆法来串联记忆。

链条记忆法

第一，把团队成员的形象转化为提示性标志图像。

第二，把自己需要记忆的第一项内容转化为图像，比如项目名称或者分配的首个任务。

第三，把第一项内容的图像与团队成员图像关联起来。

第四，把其他各类细节（比如任务的截止日期、相关资源等）转化为图像，然后将其与上面提及的图像串联起来。

第五，为每项重要任务创建一根记忆链条。

第六，在某位团队成员需要完成多项任务的情况下，把团队成员的形象转化为便于记忆的提示性标志图像。以下是一个示例：

布拉德需要写一本书，做一份演示文稿，同时还要辅导一名学生。为了记忆这些信息，我们可以把布拉德本人的形象转化为同时在做这3项任务的提示性标志图像。我们可以想象一下这个画面：布拉德正在用一只手疯狂地敲击电脑键盘打字，用另一只手在投影屏幕上写字，与此同时还吹着口哨激励自己面前的学生。这样一来，只要我们想到布拉德，与他相关的3项任务就会随之浮现在脑海，进而可以轻松回忆起布拉德的任务情况。

第七，为各个链条补充信息。让我们接着用布拉德的例子来说明，如想象一下丘比特（2月）一边帮布拉德举着电脑，一边用两根球棒（11）顽皮地敲打布拉德的画面。这种图像则暗示我们，布拉德写完手头那本书的截止日期是2月11日。再想象一下，当布拉德尝试在投影屏幕上写字的时候，这个屏幕穿着两只大靴子（2）开始行进（3月）。那么，我们就可以知道做演示文稿的截止日期是3月2日。

| 71 | ——————————————

进阶技巧：记忆项目管理的相关内容

要想掌握进阶技巧，事先需要做一些准备工作。如果你的工作内容是项目管理，而且你希望在工作中取得突出的表现，那么进阶技巧可以为你提供极大的帮助。一个复杂的项目包含各种各样的细节，而记忆如此大量的信息需要涉及很多方面的内容。本节内容所介绍的技巧可以帮助你掌握整个项目的结构、潜在问题和相关瓶颈问题，让你取得令他人震惊的工作成就。

技巧：为每个项目打造记忆宫殿

对于这种技巧，你需要花费10~20分钟进行准备工作，然后用20~50分钟来记忆重要内容。在面对这种记忆技巧的时候，经常有人抱怨："这种方法比'普通记忆方法'更难！"如果这里的"普通记忆方法"是指那种"容易遗忘，以致事后必须寻找借口道歉"的记忆方法，那么本节要讲的记忆技巧确实难度更高。该记忆技巧虽然需要进行充分的准备工作，但在实际应用的时候其实很简单。这就是差别所在。对于很多人而言，差别会影响舒适感。不过，既然你已经读到了这部分内容，那就说明你确实有相关需求，不如尝试一下。

如果你还没有读过第70节关于团队管理的内容，建议现在就去读一下。对于比较小的项目来说，使用第70节提到的记忆技巧完全足矣。但如果项目比较大或者比较复杂，你就需要使用本节所提到的记忆技巧。

具体操作方法

第一，为项目打造记忆宫殿（参见第35节）。对于记忆宫殿，你需要预留出足够的位置来储存项目的各部分内容与步骤。

第二，找出项目的阶段性目标或者主要任务内容，把这些信息转化为图像，然后将其与记忆宫殿里的各个存储位置关联起来。

第三，使用链条记忆法（参见第36节）为各个阶段性目标或主要任务内容增添细节。这一步对于记忆项目执行者的姓名或者项目的截止日期来说尤其有效。

第四，在大脑里沿着记忆宫殿的各个位置走一遍，回顾整个项目。对于已经完成的部分，你可以用破坏图像的方法进行移除。比如，你可以想象自己把涂料涂在某个位置上来完全遮盖其细节，或者用泥土把某个位置上的东西全部埋了起来，又或者把这些东西推倒，以此暗示自己不再需要记忆这些内容。

充分了解自己管理的项目，可以为我们树立信心。如果我们能在上下班、早上刷牙或者带客户吃午餐的时间里随时获取与项目有关的信息，那么这种能力将成为我们个人的巨大优势。多使用头脑去记忆可以为我们带来很多方面的好处，还能给他人留下深刻印象。所以，从现在开始努力记忆吧！

| 72 | ———————————
进阶技巧：记忆日程安排的全部内容

想象一下，你所有的日程安排都在你的大脑里，接下来会发生什么呢？你肯定能够从人群之中脱颖而出。如果你能在不打电话咨询或者不查看日程的情况下，自如地安排各项日程、会议、销售工作或者其他工作内容，那么你看起来简直就是个超人。这种能力对于每个人来说都非常重要，而通过学习本节内容，就可以轻松掌握这种能力。不过，也有很多人只用本节内容的简易版本来记忆自己需要参加的重要活动。

技巧：人物、行为与物品

为了能记住所有的日程安排，你需要先掌握某个记忆系统，确保各个月份和日期都可以转化成独特且便于记忆的图像。月份的图像最好是人物，日期的图像最好是某种行为或者物品。首先针对月份展开联想，然后对日期进行联想，最后把所转化的有关月份、日期的图像与日程图像串联成一个故事。比如某个角色进行了与某项日程或某个人物有关的行为，或者使用了某件物品。当你对特定记忆系统熟悉之后，就会觉得这种方法实际应用起来非常简单高效。

现如今，每个人都养成了通过智能电子设备查看日程的习惯，因此很多人都会质疑花费精力去学习这种记忆技巧是否值得。就算你日常不靠大脑去记忆各类事项，尝试记忆日程表中的内容同样可以帮助你保持思维敏捷，使你留意自己的日程安排情况，并且让你在他人心中留下良好的印象。

具体操作方法

第一，回顾一下月份记忆系统（参见第14节）的有关内容，对日程安排中的月份进行转化与记忆。

第二，使用数字记忆系统对日期进行转化与记忆。在这里，基本系统（参见第18节）的效果最好。

第三，选用一种数字记忆系统对时间进行转化与记忆。我个人比较倾向使用数字押韵系统（参见第17节）。这里要注意，我们需要区分时间图像与日期图像，以避免混淆情况的出现。另外，我们还需要通过特定情景来区分上午、下午或者晚上。比如某个会议时间为"3∶00"，那么你会知道这里指的是下午3∶00，而不是凌晨3∶00。

第四，通过以上方法组建起属于自己的记忆系统，多回顾几次，确保自己可以轻松地把月份、日期和时间转化为图像。

第五，开始使用自己的记忆系统。把月份、日期和时间分别转化为图像，再把这些图像与具体日程的有关图像关联起来，最后为这些图像多添加一些夸张的细节。

第六，挑选一种备忘录，比如便利贴或者电子日历。有时候你可能会觉得特别困、身体不舒服或者压力比较大，从而感到回忆日程安排比较困难，那么此时备忘录就可以派上用场。

第七，每周或者每天查看一下备忘录，把日程安排转化为图像。

第八，当日程安排有变化或者取消的时候，想象一下自己在某个日期或者某个时刻抹除了这项安排的图像的画面。你也可以想象一下这些图像遭到了破坏，以此暗示自己取消了行程，然后把其他日期或者时间转化成新的图像。以下是一个示例：

假设你需要在12月9日去做年度体检，原有日程的图像为圣诞老人（12月）抱着一只猫（9）进入了医生的办公室（年度体检）。但是体检时间改为了12月8日，那么，你可以想象一下：圣诞老人怀里的猫在他进入医生办公室后跑出去了，而他身边的麋鹿变成了一只章鱼（8），这只章鱼用触手抓住了医生办公室的门把手。请注意，与新日期有关的图像要尽可能生动一些。

多使用自己的系统，你会发现记忆日程安排变得越来越轻松。即使没有查阅备忘录，你也可以在大脑里看到写着日程安排的日历。在实践中，我个人使用最多的是这种方法的简易版本，即根据日期和具体事件把1周之内的重要日程安排转化为图像。通常我都可以轻松记住具体时间，这样一来，我只要记忆1周之内日程安排的具体日期就可以了。不过，对于3个月之后的旅行和演讲安排，我一般会使用这种方法的完整版本来记忆。

——————————————————————

掌控海量信息

有时候，我们感觉自己已经安排好了收发邮件、拨打电话，以及在截止日期之前完成工作等事情，但总是会有其他事项突然插进来，让我们措手不及。我们无法马上处理这些事项，却必须要记住它们，以便稍后进行处理。本节所介绍的技巧不会花费你太多的时间与精力，但可以有效地帮助你应对这一类情形，甚至可以让应用这种技巧处理事项成为你的第二天性。借助这种技巧，你可以在忙一项工作的同时记住插进来的其他事项。我在这本书里提到过很多次，你应该主要通过大脑进行记忆。不过，在提升记忆力水平的过程中，你也可以用写便条的方法来记忆比较重要的事项。

技巧：把工作场所打造成记忆宫殿

我们再一次用到了记忆宫殿（参见第35节）。在这里，你将学习如何把自己的工作场所打造成记忆宫殿，同时再预留出三四个比较明显的位置来进行储存。每当有其他工作内容或事项插进来，而你又无法马上去处理的时候，就可以把它转化为夸张的图像，储存到记忆宫殿里。等到有时间的时候，你再"扫描"一下自己的记忆宫殿，看一下各个存储位置都有哪些图像，然后再根据这些图像来回忆自己需要去做的事情。

具体操作方法

第一，环顾自己的工作区域，尤其是从自己面前到自己左手边的区域。留意一下工作区域里的显著物品，比如墙上或者角落里摆着哪些东西。这里需要注意，闲置区域无法作为有效的存储位置被使用。各个存储位置必须摆放有特定物品，这样才有利于信息的存储。从工作区域中选出一件自己不常使用的物品，即除电脑、监视器和电话之外的其他物品，将其作为记忆宫殿的第一个存储位置。

第二，选择第一个存储位置右边的（不常用）物品或者位置作为第二个存储位置，然后使用相同的方法找到第三个储存位置。这些存储位置都应该在你的眼前。接下来，集中注意力从左向右依次审视3个位置，与此同时在心中默数"1，2，3"。

第三，当你在参加电话会议的过程中突然收到一封稍后需要处理的邮件时，可以快速地把邮件主题、有关细节或者发件人姓名转化为图像，并通过一种奇特的方式把图像与自己的记忆宫殿中第一个存储位置关联起来。在建立这种关联的时候速度要快，而且关联方式越奇特越好，因为奇特的关联方式有助于巩固记忆。比如，你正在参加电话会议，突然看到自己的客户发来一封邮件，署名为查尔斯（Charles）。我个人一般会通过谐音把"查尔斯"转化为"椅子"（chairs），然后就发散思维想象摆在自己办公桌边缘的那株植物上堆了几把椅子。

第四，每天有时间就反复回顾记忆宫殿中的这3个存储位置，并养成习惯。时常问一下自己各个位置都储存了哪些图像，并在大脑中与这些图像进行互动。每完成一个事项，就发挥想象力在大脑中移除它的图像。比如你可以想象一下，像擦除写在白板上的字那样抹除这个事项，或者把有关图像劈成两半进行销毁的画面，以此暗示自己该事项已完成。

我们前文提到过，记忆的3个基本步骤中的第一步就是集中注意力。本节技巧之所以有效，就在于刻意把注意力放在稍后需要处理的事项上面，从而让我们的自然记忆发挥作用。把特定信息转化为图像，并通过具有创意的方式将其附加到特定存储位置内的技巧，既可以帮助我们集中注意力，又可以在我们没有自然而然想起来的时候作为提示性标志提供线索。

74

赢得更多客户和引荐

我曾经作为一名金牌房地产经纪人在美国亚利桑那州工作了将近5年时间，在此期间亲身感受到了拥有良好记忆力的重要性。拥有良好的记忆力可以给客户留下深刻的印象，让他们感到满意，进而把你推荐给其他有需求的潜在客户。在所有竞争激烈的商业领域，尤其是销售工作中，这种现象都会发生。不过话又说回来，世界上又有哪些商业领域的竞争不激烈呢？

我强烈建议你使用本书所提到的记忆技巧来提升自己的记忆能力，这样你就可以变得越来越自信，能够为客户提供更好的服务，进而赢得客户的引荐。

技巧：应用记忆技巧

你可以把本节内容当作读完这本书的"期末考试"。在商务场景中，很多方法都可以给他人留下深刻印象；但相比较而言，记忆力是一种最简单的方式。目前你已经读完了本书的大部分内容，这些方法对你来说已是驾轻就熟。现在，把本书提到的所有方法与建议结合起来，应用到自己的工作之中，相信人们会认为你在记忆方面的能力是超乎常人的。

具体操作方法

第一，掌握库存情况、商品价格及各类细节。与每次都去查看库存信息相比，对公司产品情况了如指掌可以给人留下良好的印象。而你所需要做的仅仅是定期查看库存情况，然后集中注意力把库存数量转化为便于记忆的图像。另外，你还需要在商品价格和各类细节方面了解得比其他人更清楚。在其他人感觉掌握细节特别令人头疼的情况下，你可以借助本书所提到的技巧简化整个记忆过程。

第二，记忆姓名。假设你在商务联谊会上认识了一些人，并且记住了他们的名字。几天之后，你又在门店与他们见面的时候直接喊出了他们的姓名。这种打招呼的方式必然会给人留下特别好的印象。查阅一下本书前文所提到的识别相貌与记忆姓名方面的技巧，它们可以帮助你做到这一点。这些技巧的关键在于认真学习并努力练习。与生活中的其他事情别无二致，即练得越多，效果越好。

第三，经常回顾，巩固记忆。有一位非常优秀的房地产讲师曾经提到，每次下班之前都应该列出第二天的待办事项。除此之外，我建议你在每天下班之前都回顾一下：今天发生了哪些事情？今天都遇到了哪些人？他们叫什么名字？他们有着怎样的长相？回顾一下自己与客户的互动情况，想想自己有没有答应对方为他们做一些事情。最后，留意一下当天有没有发生一些需要自己记住的事情。每次花5~10分钟回顾一下当天的情况，这样一来大脑就会优先储存当天工作里的重要细节，而你也就不会在一觉醒来之后便忘记前一天发生的事情。

大多数商业人士或者销售人员都具有一些共同特征：拥有相同的信息获取渠道和良好的人际交往能力，说话、办事富有条理，并且非常热衷于帮助他人。那么，你怎样才能脱颖而出呢？一旦你成功地提升了记忆能力，人们就会认为你比其他人更有能力、更聪明、更有学识，进而放弃你的竞争对手，选择与你合作。

75
在任何年龄都保持良好的工作状态

我们的大脑和身体会随着年龄增长而发生变化，这是一种自然规律。很多人发现自己上了年纪之后，头脑开始变得迟钝，行动也开始变得迟缓。不过，年长的优势在于经验丰富。上了年纪之后，我们可以用丰富的人生经历来激励自己多花点时间维护身心健康，以保持良好的状态。

保持状态的第一步在于，要意识到自己需要付出努力。我们在年轻的时候可能更有激情，因为很多事情对我们来说都是新鲜的体验。那时我们的专注力更强，因为年轻的我们拥有更好的体格和大脑机能，而且对于新鲜事物和机遇怀有比现在更浓厚的兴趣。不要让自己的精神层面随着年龄的增长而衰老下来。无论在哪个年龄阶段，我们都应该努力保持良好的记忆状态。

技巧：付出努力

让我们以成年人的身份开始投入工作吧！通过阅读这本书，你的记忆力已经得到了提升。其实在阅读以下讲解内容之前，你应该已经意识到保持良好工作状态的最佳方法是提高身体素质。若你能保持身体健康，大脑自然也会处于良好的状态。心血管健康对于身体和大脑来说都非常重要，具体请咨询医师，以寻求专业建议。做好计划之后就要切实执行，这样你的记忆力才能持续绽放活力。

具体操作方法

第一，挑选本书的某一节内容，对其中提到的记忆技巧进行学习、练习与应用。努力掌握这种记忆技巧，并验证它的有效程度。熟练掌握之后，就挑选另一种记忆技巧继续进行学习与应用。请注意，不要只是简单地浏览有关内容，也不要指望仅仅通过阅读就能改变自己的记忆习惯。多年以来的生活经验告诉我们，想要做出改变就必须努力练习。在改善记忆力方面，我们同样需要借助多年积累下来的智慧取得进步。只要我们努力学习记忆技巧，记忆力水平自然就会得到提升。俗话说："用进废退。"要知道，脑子用得越多，也就越灵活。我们要带着主动的意愿去学习全新的记忆方法，因为在经历短暂的不适后，我们将获得更为长久的成功。

第二，找到自己在工作场合中容易遗忘事情的具体原因（可能与家庭生活场景下遗忘事情的原因有所差别）。记忆的3个基本步骤中的哪一步对你来说存在困难呢？你可以仔细思考一下，然后在本书提到的内容里寻找合适的解决方案，并运用有关技巧来解决你所面临的问题。

第三，提升注意力水平。回顾一下本书第25节提到的123记忆法，每天进行练习。

第四，把笔记本、智能电子设备或者电脑作为记忆的辅助工具。但这里需要注意，你应该主要依靠大脑来进行记忆。这些工具只是一种备选方案，不要对它们产生依赖性。

第五，经常问自己："我怎样才能记住这件事？"花一点时间，带着这个问题把注意力集中到自己眼前的事情上。这样做有助于解决注意力涣散所带来的很多问题。

第六，利用业余时间学习一门外语。学外语是保持头脑敏捷的好方法，同时也有益于你的工作，让你受益良多。

成为记忆大师

第一次阅读本书的时候，你可能会对一些记忆技巧与方法感到困惑：把信息转化为图像是什么意思？把图像与桌面上的植物关联起来又是什么意思？这些奇怪的方法真的可以帮我改善记忆力吗？是的，确实可以！不过，奏效的前提是你勤加练习这些技巧。

书中的内容读起来很容易，做起来就稍微困难一些。然而，只有进行实际应用才能让这些技巧产生效果。对于这些技巧，你可能感觉很陌生，甚至很奇怪，但仍然应该怀着开放的心态来尝试。毕竟，全世界每天都有很多人跟你一样正在应用这些技巧，希望在生活、学习和工作中有效提升自己的记忆力水平。

成为生活场景中的记忆大师

如果你目前还没有在生活中尝试提升自己的记忆力水平，那么可以选择自己最关心的一种生活场景，然后拿出7天时间来练习相应的记忆技巧与方法。在这7天里，每天拿出10分钟练习就足以帮助你改善记忆力。以下内容你可以每天或者每周尝试一下：

（1）通勤路上记忆车牌号码。

（2）记忆收银员、服务员或者你经常接触的其他人的姓名。

（3）每天记忆一个新手机号码。

（4）每次刷牙的时候回顾一下自己想要记住的事情。

（5）每当朋友过生日的时候，记一下对方的生日是哪一天。

（6）学一些新东西。你可以学一门外语，或者每天记5个新单词及其拼写方式，以扩充自己的词汇量。

勤加练习可以有效提升记忆力水平。只要努力发挥想象力，不断练习把难记的信息转化为图像，大脑自然就会发生变化。曾经很难的事情会变得容易起来，而记忆力水平也会随之得到提升。这一过程会使你越来越自信，周围的人也会把你当成一位记忆超人。

分享良好记忆力所带来的幸福

当你成为一名记忆超人之后，自然就会有人问你："你的记性怎么这么好？"这个时候你已经做好了准备，与他们分享你的故事。我想你的情况很可能与我类似：并非天生记性好，而是掌握了一些记忆技巧，努力改善了自己的记忆力水平。

人们通常都会渴望拥有良好的记忆能力，现在你可以通过帮助其他人提升记忆力水平，把幸福传递下去。首先，你可以与他们分享记忆的3个基本步骤。对于很多人来说，掌握这部分内容就足以帮助他们走上提升记忆力的正轨。当大脑接触信息的时候，我们之中的很多人都会试图一心多用，或者出于其他原因未能集中注意力，之后就把记不住事情归咎于自己记性差。你需要鼓励他们不要一心多用，告诉他们集中注意力自然就可以帮助他们更好地进行记忆。

对于比较年轻的家人和朋友来说，这一点所产生的效果尤其突出。你可以帮助他们找到3个基本步骤中的哪一步出现了问题，然后有针对性地解决问题。在此基础上，你还可以与他们一起玩本书第24节提到的记忆游戏。不过，最重要的是为他们树立榜样——要以身作则，把智能设备放在一边，依靠大脑进行记忆。你努力的样子会激励他们同样也去努力改善自己怕记忆力水平。

结语

恭喜你！现如今很多人都已经不在乎自己记性差这一问题了，但你和他们不一样。你付出努力后，记忆力水平也开始得到提升。希望你能够继续努力，抵制诱惑，不要让智能手机或者便利贴再次回到你的生活中。如此以往，你的头脑就可以保持敏捷。而"记忆侦探"也会通过搜集线索来回馈你的努力，帮助你回忆起需要记住的事情，从而解决你的记忆难题。

扩展阅读

记忆技巧与学习

The Hack-Proof Password System: Protect Yourself Online With a Memory Expert's In-Depth Guide to Remembering Passwords, by Brad Zupp

Make It Stick: The Science of Successful Learning, by Peter C. Brown, Henry L. Roediger III, and Mark A. McDaniel

掌控大脑

Do the Work: Overcome Resistance and Get Out of Your Own Way, by Steven Pressfield

How to Meditate: A Practical Guide to Making Friends with Your Mind, by Pema Chödrön

The Way of the SEAL: Think Like an Elite Warrior to Lead and Succeed, by Mark Divine with Allyson Edelhertz Machate

青少年读物

A Handful of Quiet: Happiness in Four Pebbles, by Thich Nhat Hanh

Unlock Your Amazing Memory: The Fun Guide That Shows

Grades 5 to 8 How to Remember Better and Make School Easier, by Brad Zupp

保持身体健康

Bigger Leaner Stronger: The Simple Science of Building the Ultimate Male Body, by Michael Matthews

I Love Me More Than Sugar: The Why and How of 30 Days Sugar Free, by Barry Friedman

Thinner Leaner Stronger: The Simple Science of Building the Ultimate Female Body, by Michael Matthews

思维导图

Mind Map Mastery: The Complete Guide to Learning and Using the Most Powerful Thinking Tool in the Universe, by Tony Buzan

Mind Mapping: Improve Memory, Concentration, Communication, Organization, Creativity, and Time Management, by Kam Knight

创造力

A Whack on the Side of the Head: How You Can Be More Creative, by Roger von Oech

学习新鲜事物

Massive Open Online Courses，www.mooc.org

Khan Academy，www.khanacademy.org

更多课件与辅导

成人：Brad Zupp，www.BradZupp.com

青少年：Exceptional Assemblies，www.ExceptionalAssemblies.com

参考资料

University of Waterloo. "Drawing Is Better than Writing for Memory Retention." *Waterloo News*. Accessed February 28, 2019. https://uwaterloo.ca/news/news/drawing-better-writing-memory-retention.

关于作者

布拉德·楚普是一位改善记忆力的专家，同时他也是一位励志演说家、记忆教练，以及作家。自2009年以来，他一直致力于探索自身记忆能力的极限。与此同时，他还积极帮助他人提升记忆力水平来改善自己的生活面貌。他还是一名记忆运动员，曾在全球范围内参加过很多记忆竞赛。

但布拉德那出众的记忆力并非与生俱来。在他40岁的时候，他发现自己的日常记忆能力正在下降。为了克服随年龄增长而出现的自然记忆问题，他开始努力改善自身的记忆能力，并寻找提升记忆力水平的方法。

布拉德曾上过很多电视节目，比如《今日秀》《福克斯新闻》《史蒂夫博士秀》，还接受过《今日美国》《洛杉矶时报》等著名媒体的采访。

除本书外，他还撰写了另外两部与记忆有关的作品，分别是《解锁你神奇的记忆》《防黑客密码系统》。

布拉德取得的成就如下：

（1）在一场记忆竞赛中，15分钟内成功记忆117个人的姓名。

（2）在世界记忆锦标赛中，连续两年打破美国纪录。他参加的比赛项目为，在不阅读与复习的情况下，记忆以每秒1位数字的速度出现的口述字符串。

（3）在一场记忆竞赛中，1小时内成功记忆了11.5副洗好的扑克牌的顺序。

（4）成功记忆圆周率 π 的前10000位数字，创下了名为"圆周率记忆测试的珠峰"比赛的世界纪录。

在布拉德50岁的时候，他再次挑战自己的记忆极限。他用努力向世人证明，人类通过采用一些简单技巧并做出适当的努力，可以成功提升自身的记忆力水平。